中国
室内设计教育
发展研究

杨冬江　任艺林　管沄嘉　聂影　杨宇　著

中国建筑工业出版社

图书在版编目（CIP）数据

中国室内设计教育发展研究 / 杨冬江等著. -- 北京：
中国建筑工业出版社，2019.11
ISBN 978-7-112-24424-9

Ⅰ．①中… Ⅱ．①杨… Ⅲ．①高等学校－室内装饰设
计－学科发展－研究－中国 Ⅳ．①TU238.2

中国版本图书馆CIP数据核字(2019)第233281号

责任编辑：吴绫　唐旭　吴人杰　李东禧
责任校对：张惠雯
装帧设计：周岚

本书聚焦中国室内设计教育的发展历程，综合采用了案例分析、问卷调查等多种研究方法，从专业设置、师生构成、办学理念等多个维度系统分析中国室内设计教育的发展历程和现状，并从高等教育发展的宏观趋势层面对室内设计的未来发展进行展望，适用于专业院校师生及室内设计专业人员阅读。

本书由深圳市创想公益基金会提供赞助支持

中国室内设计教育发展研究课题组负责人
杨冬江
中国室内设计教育发展研究课题组成员
任艺林、管沄嘉、聂影、杨宇、石硕、张熙、秦潇、何夏昀、纪薇、杨潇辉、韩露

中国室内设计教育发展研究

杨冬江　任艺林　管沄嘉　聂影　杨宇　著

*

中国建筑工业出版社出版、发行（北京海淀三里河路9号）
各地新华书店、建筑书店经销
偍勤平面设计工作室制版
北京中科印刷有限公司印刷

*

开本：850×1168 毫米　1/16　印张：19½　字数：258千字
2019年11月第一版　2019年11月第一次印刷
定价：86.00元
ISBN 978-7-112-24424-9
（34916）

2011年，随着国家学位授予和人才培养学科目录的调整，设计学升级为一级学科，环境艺术设计专业正式进入了向环境设计专业发展转轨的进程。环境设计源起于室内设计专业的建设与发展，作为一个多学科交叉、理论与实践高度融合的设计专业，室内设计的发展在设计学科中具有典型性。在这一重要的历史节点，系统认识室内设计专业的发展历程，科学评估室内设计教育的发展现状，对于进一步推动学科的转型发展具有重要价值。

本书聚焦中国当代室内设计教育，综合采用了案例分析、问卷调查等多种研究方法，系统分析了中国室内设计教育的发展历程和现状。清华大学美术学院（原中央工艺美术学院）是新中国最早建立和发展室内设计专业的高校，本研究以清华大学美术学院室内设计专业为中心案例，通过对多个高校室内设计专业发展的比较，呈现了室内设计专业在20世纪90年代之前发展的主要特点，并分析了90年代以后高校扩招之后室内设计专业蓬勃发展的基本状况。同时，本书基于对全国高校数据库的分析以及79所高校的抽样问卷调查，分析了当前室内设计教育在全国范围内的分布特点和发展状况，将教育活动的发展放入特定的社会环境、管理机制和观念认知的宏观因素中，并将研究单位缩小至具体的师生比例、课程结构、教学方法、互动模式等动静态相结合的微观单位，力求通过系统科学的分析更加立体地反观我们在室内设计教育发展过程中出现的问题，并为寻求更具说服力和可靠性的当代室内设计教育改革路径提供借鉴。

本书的编写得到了深圳市创想公益基金会、中国室内装饰协会、中国建筑出版传媒有限公司以及国内多所高校专业同仁的大力支持，在此一并表示由衷的感谢。

2019年9月

目录

1

绪论

21世纪信息技术的迅猛发展深刻的影响和改变了人类的生活方式与生存环境。慕课（Massive Open Online Courses，大型开放式网络课程）等兴起于国外顶尖大学的网络学习平台正以其自主、开放、便捷、互动等优势迅速普及，它们正深度改变着现有的教育教学方式、人类思维模式和学术组织形式，催生全球高等教育的新格局。面对信息技术的飞跃变革与全球化背景下的教育资源竞争，我国传统的室内设计教学方法与教学模式，以及人才培养导向都受到了前所未有的挑战，如何实现信息时代室内设计教育的转型迫在眉睫。

2011年3月，国务院学位委员会、教育部印发了《学位授予和人才培养学科目录（2011）》，设计学升级为一级学科。站在这样的历史节点，中国设计教育教学的发展面临前所未有的机遇与挑战，深化和拓展设计学研究的内涵与外延已经成为必然趋势。

室内设计作为学科交叉性极强的专业，由于其在当代中国发展的特殊路径，在设计学科中颇具代表意义。在学科升级的重要转折点，室内设计应重新审视专业的边界，在与环境学、建筑学、社会学、经济学、心理学等学科的交叉网络中寻找自身定位。室内设计教育更需要站在原点，对已有教育模式和教育体系进行梳理，并在未来更具综合性、边缘性与多元性的环境中进行教学模式的升级与重构。

创新型国家的转型需要一大批创新性人力资源的驱动。人才储备的创新能力和创造型的人格教育，能否与国家发展目标的需求同步，成为时代赋予中国设计教育者的国家使命和社会责任。室内设计作为设计学科中极具综合特点的专业，其专业教育的改革发展不仅在设计精英与大众普及层面具有示范和引领的作用，也必将为中国文化传承创新的伟大实践和人类的可持续发展做出贡献。

研究意义

之于历史的意义

梳理历史发展脉络、挖掘价值。以史为鉴，可以见兴替。中国当代室内设计教育发展的历程与新中国发展的历程耦合在一起，波澜壮阔、跌宕起伏，它不仅是一段精彩纷呈的历史，更是一座思想、文化和精神的宝库。中国传统史学的核心目标之一即"以史为鉴"，它提醒我们关注逝去生活对今天的影响，从中吸取历史经验与教训。因此，对历史史实的呈现，并通过这一回溯的过程对历史再认识和再学习就显得尤为重要。

之于现实的意义

调研现状，分析困境与问题。改革开放之后，中国的室内设计教育由一枝独秀逐渐发展壮大为百花齐放，特别是在设计学升级为一级学科之后，室内设计教育发展进入了一个崭新的阶段。然而，当前室内设计教育的发展仍然面临着学科结构单一、学科边界模糊、教育主体良莠不齐等诸多现实问题，在由数量走向质量的过程中如何破解这些难题就成为室内设计教育从业者的重要使命。

之于未来的意义

探索未来发展之道路。党的十八大提出了"两个一百年"的发展目标，室内设计教育也迎来了跨越式发展的重要契机。室内设计教育是一个学科深度交叉融合，理论与实践高度呼应的应用型学科，有其相对独特的发展规律。如何促进室内设计教育多学科良性互动，并合理协调理论与实践的关系是室内设计教育的重要理论命题。同时，随着中国日益融入全球化过程，室内设计教育也面临着国际化的竞争，如何实现民族特色与全球视野之间的协调发展也是室内设计教育必须面对的重要问题。

教育的根本在于人，在国家创新发展战略的时代背景下，室内设计教育也需要进一步探索创新型复合设计人才的培养路径。

时间划分与概念界定

时间划分

本研究主要关注新中国成立后至当下室内设计教育发展历程。依照教育发展变化和时代特点，全书在中国室内设计教育发展历史脉络的梳理与分析时，分为四个时间段，主要体现在第2、3、4、5章。

第2章为改革开放之前的中国室内设计教育历程，该部分包括三个阶段，即1949年至1957年中央工艺美术学院室内装饰系的筹建阶段，1957年至1966年室内设计教育初创阶段，以及1966年至1977年"文化大革命"期间室内设计教育的停滞阶段。

第3章为改革开放之后到20世纪90年代末期的中国室内设计教育发展历程，该部分包括两个阶段，即1977年至1988年新兴室内装饰行业推动下的专业教育和1988年至20世纪90年代末期装饰行业市场化初始热潮中的"环境艺术"。

第4章为20世纪90年代末到21世纪的第一个10年，高校大规模扩招之后中国室内设计专业的多元发展与学科交叉。

第5章为2011年《学位授予和人才培养学科目录（2011）》颁布至今，高校室内设计教育的发展情况及现状评析。

第6章通过对专业发展进程的归纳与总结，提出了面对未来中国室内设计教育发展的新趋势与新构架。

概念界定

本书研究的重点是相对广义的"教育"，而不仅是狭义的"教"与"学"的过程。

因此，围绕专业教学开展的一系列的教育活动都属于本研究范畴，此处的教育既是静态的内容，又是动态的过程。基于高等教育的概念、属性和职能，专业教育既包含专业的教学活动，又包含与社会的互动活动，同时还包含产生知识的活动。对于室内设计教育而言，其与社会的互动活动主要是承担社会任务、进行设计实践，而产生知识的活动主要就是开展相应的学术研究。基于此认识，作为研究主体的"教育"就包括专业教学、设计实践和学术研究这三个维度，而这三个维度又都同时包含内容和过程两个层次（图1-1）。

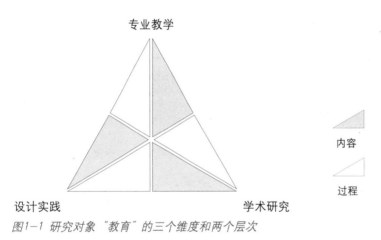

图1-1 研究对象"教育"的三个维度和两个层次

高等教育包含全日制研究生教育、全日制本科教育、全日制专科教育等。全日制本科教育是我国高等院校室内设计专业贯穿各个阶段的最主要的教育活动，相比而言，研究生教育和专科教育开展时间较短，也缺乏连续性。因此，本书的研究对象重点关注全日制本科教育。

本书研究的核心是"室内设计"，此处需要特别对"室内设计"这一概念进行明晰，如今我们谈及的"室内设计"的概念对应到英文中为Interior Design。在中国，室内设计的发展并不晚于西方，现代意义的室内设计几乎与世界同步。如今这样一个庞大体量的行业，在中国却被定义了"建筑装饰"、"室内装饰"、"室内装潢"、"室内设计"等多个名称。室内设计与建筑设计密不可分，而在不同国家和地区的专业发展历程中，也都同样经历了从"室内装饰"到"建筑装饰"再到"室内设计"的过程。在国内，与"室内设计"相关性最强的一个概念就是"环境艺术"，1987年，"环境艺术设计"正式进入国家《普通高等学校社会科学本科专业目录》，1988年中央工艺美术学院将"室内设计系"更名为"环境艺术系"。当下，"环境艺术"更早已成为国内各类高校争相开办的热门专业。"环境艺术"作为一个专业在二十余年的发展过程中被简化为"环艺"二字并深入人心。从某种意义上，"环境艺术"成了"室内设计"在专业称谓上的一种延伸。本研究当中，在"环境艺术"专业中，重点关注室内设计的专业方向。

本书涉及的中国高校主要指中国大陆地区，不包括港澳台地区。所有统计数据仅为中国大陆地区高校数据。

研究框架

本研究是设计教育历程研究。根据教育学理论，教育是一项社会性的活动，因此会受到政治环境、经济环境、文化环境和制度体系的影响；同时教育活动又是人与人频繁互动的过程，所以教育会受到人自身的影响，特别是会受到人的观念的影响。因而，教育的发展要充分考虑到环境因素、制度因素和人的观念因素。这即是本研究理解教育过程中诸多现象的一个基本出发点。

教育是一项系统性的活动，在本研究的视角下，教育分为专业教育、设计实践和学术研究三个维度以及内容和过程两个层次。在教育活动中，这三个维度不是相互独立的，无论是从参与者而言，还是从知识和信息流向而言，或者从制度规则关联而言，这三个维度都在静态层面上相关，在动态层面上互动。因此，它们之间相互影响，共同决定了教育模式的最终形成。

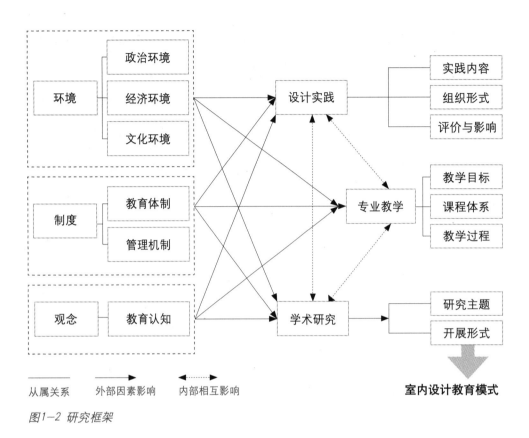

图1-2 研究框架

基于上述两点，本研究认为室内设计教育模式的形成既受到环境、制度和观念的外部因素影响，同时，教育的三个维度之间也会有内部相互影响，高校室内设计教育模式是在外部因素作用、内部因素互动下形成和发展的，这即是本研究分析和行文的理论逻辑。根据室内设计教育的三个维度和两个层次的概念构成，本研究将专业教学分为教学目标、课程体系和教学过程三个部分，将设计实践分为实践内容、组织形式、评价与影响三个部分，将学术研究分为研究主题和开展形式两个部分（图1-2）。

研究方法

本研究组织清华大学美术学院以及国内相关高校的室内设计教育相关领域的研究力

量，结合多年来的教育教学成果与资源，深度挖掘不同时代背景下的设计教育理论与发展规律，并对中国迫在眉睫的设计教育改革、高质量创新型人才培养提出有价值的、具有可操作性的实施建议。

本研究以国内代表性高校的室内设计教育活动作为研究对象，注重结合中国特点，选取不同学科背景下的典型案例。在大的环境层面，关注特定的社会、经济、文化环境；在制度层面，关注教育机构、教育活动和学科建设的管理体系；在观念层面，关注针对学科专业的理论研究与教育认知。

研究案例重点关注在不同的教育理念和人才培养目标之下的教育活动，具体包括学生师资、课程结构、教育资料，动态的学习过程、授课过程、教学互动、管理模式，以及学习收获、教学反馈、评估机制及社会评价等反馈信息。通过静态、动态以及反馈评估信息获取相对完整的教育过程资料。

本研究的重点及创新之处在于，以比较的视角，通过对国内不同学科背景教育活动的分析，来总结国内典型案例的教育经验，并在时间轴上探寻各阶段室内设计教育活动的发展规律。本研究基于数据资源和实证分析，将教育活动的发展放入特定的社会环境、管理机制和观念认知的宏观因素中，并将研究单位缩小至具体的师生结构、课程结构、教学模式、互动模式等动静态相结合的微观单位。本研究并非单一层面的线性对比，系统科学地比较能够更立体地反观我们在学习和借鉴西方教育模式过程中出现的问题，并为我们得到更具说服力和可靠性的设计教育改革路径。

本研究以文献、档案研究为基础，以实地调研为依据，结合典型案例的教学过程与学生学习过程，通过对教学活动参与主体的教师、学生、高校管理者的访谈，获取一手资料。结合问卷调研和数据分析，通过实证研究并借鉴社会学历时研究、"扎根理论"等研究方法，以比较的视角分析我国室内设计教育存在的问题以及在国际环境中的优势与差距，关注高素质、创新型人才的基本素质和成长规律。

中国室内设计教育的萌芽与初创

2
中国室内设计教育的萌芽与初创

在西方，室内设计的专业化是从住宅的室内装饰、陈设逐步形成和发展起来的。20世纪以前，西方也并没有真正职业化的室内设计专业，"室内布置的方案往往是由装修师、木匠、家具零售商来提供"[①]。1877年，美国人坎迪斯·惠勒（Candace Wheeler）发起成立了装饰艺术的妇女行会"纽约装饰艺术协会"，后来她又成立了完全由妇女成员组成的设计公司。进入20世纪，随着经济的增长和社会需求的不断增加，专门从事室内装饰的设计者开始增多。到了1931年，美国室内装饰者学会成立，室内装饰开始成为一个正式的、独立的专业类别。当时，由于服务对象的单一性，他们所采用的风格更多的是受大众心理和社会风尚的影响，室内装饰者往往与建筑师在工作范畴以及对设计的理解上存在着较大的差异。第二次世界大战结束以后，现代主义的"有机原则"和"功能原则"为建筑空间带来了更为丰富的表现手段。室内设计开始从单纯的室内装饰的束缚中解脱出来而成为一门独立的专业。在现代建筑中，"功能原则"比"有机原则"被贯彻得更彻底，复杂的功能使室内设计自身变得更加专业化。同时，室内设计与建筑、结构、电气、给水排水等相关专业的联系也越来越紧密。从20世纪50年代开始，西方专业化的室内设计已经和仅仅限于艺术范畴的室内装饰有所区别。1957年，美国"室内设计师学会"（ASID）成立，室内设计师的职业称谓也开始被广泛接受。单纯从时间上看，我国室内设计专业的发展与确立并不晚于西方，但是从整个专业的发展历程来看，我们所走过的道路同西方相比却显得更为坎坷。[②]

---

① 王辉. 近现代室内设计思想[M] // 室内设计经典集. 北京：中国建筑工业出版社，1994.
② 杨冬江. 中国近现代室内设计史[M]. 北京：中国水利水电出版社，2007.

2.1
以近代建筑教育为开端的专业萌芽

中国的近代教育开始于洋务运动时期。清政府在开展各项洋务活动时需要大量新式人才，传统的教育体制和教育内容已经无法满足开展洋务事业的需要。从19世纪60年代起，清政府先后开办了一批学习"西文"和学习"西艺"的新式学堂，以培养各类洋务人才。

1902年，当时清政府的官学大臣张百熙"谨上溯古制，参考列邦"，拟定了京师大学堂暨各省各级学校章程。同年，清政府颁布了中国第一部关于实业教育的《钦定学堂章程》，其中，土木工学和建筑学等科目第一次被列入了系统的中国教育章程之中，当时中国第一所官立大学——京师大学堂就分别设置有土木工学和建筑学科。[1]

1923年，留学日本的建筑师柳世英、刘敦桢等模仿日本的学制在苏州工业专门学校创办了建筑科，"建筑科虽然从中等建筑教育发源，但是它为中国的高等建筑教育奠定了基础"。[2]四年之后，苏州工业专门学校建筑科并入中央大学。1928年，梁思成和林徽因在东北大学工学院设立了建筑系。此时，在中央大学和东北大学这两所中国最早设立建筑系的大学中，担任设计课的教师基本都具有留学海外的背景，他们留学期间恰是欧美折中主义建筑流行的时期，因而他们推崇的是法国巴黎美术学院学院派（Beaux-Arts）的教学方法和折中主义的建筑思想。在教学科目中，艺术课程所占的比重较大，教学更加注重古典训练，强调建筑的艺术性。两所大学同为国立大学，建筑系开办时间早、师资力量强，两校的毕业生不仅在后来的工程界和教育界发挥了重要作用，而且两校的课程设置也直接影响到后来的全国统一教程。

进入20世纪，人们对于建筑的艺术性更加重视，建筑与艺术特别是美术被紧密地结合在一起。"担任教育部社会司第一科长的鲁迅在他的《拟播布美术意见书》中明确把建筑同绘画、雕塑等一起视作美术一类，并注意到了建筑的'形美'和'致用'。20年代后，'美术建筑'、'建筑是技术与艺术的结合'已成为建筑师的共

①舒新城. 中国近代教育史资料[M]. 北京：人民教育出版社，1981.
②邹德侬. 中国现代建筑史[M]. 北京：机械工业出版社，2003.

图2-1 国立北京美术学校大礼堂正门

识。" ①

1918年成立的国立北京美术学校是由蔡元培先生倡导的我国第一所国立美术专门学校（图2-1），学校的高等部设有绘画、图案两科，其中图案科的课程主要包括建筑装饰图案与工艺图案两大类；1923年北京美术学校更名为国立北京美术专门学校，设有国画、西画、图案三系；1925年学校改称北京艺术专门学校；1927年学校又与其他七所学校合并，成立了国立北平大学，艺专改为美术专门部；1928年又改称北平大学艺术学院，受巴黎美术学院的影响，学院设立了建筑系，首开我国在艺术院校中设置建筑学科的先河。②

南京国民政府成立后，教育部陆续开始对全国大学的课程设置进行调整。当时中央大学和东北大学两校建筑系的系主任刘福泰和梁思成以及当时最著名的建筑事务所基泰工程司的建筑师关颂声参加了工学院分系科目表的起草和审查。1938年、1939

①赖德霖. 中国近代建筑史研究[D]. 北京：清华大学，1992.
②杨冬江. 中国近现代室内设计史[M]. 北京：中国水利水电出版社，2007.

年教育部分别颁布了《文理法及农工商各学院分院共同必修科目表》和《大学及理法农工商分系必修及选修科目表》，这是继1903年《奏定学堂章程》和1913年《大学规程》后第三个全国统一的科目表。与前两次相比，1939年颁布的建筑系《科目表》大幅增加了模型素描、水彩、建筑图案、古典装饰、内部装饰等涉及美术和设计门类的课时量，更加侧重了学生在艺术造型方面的培养和训练。在科目表中，内部装饰虽然只被列为选修课，但作为全国性的统一教程，它还是对我国未来室内设计专业教育体系的确立和发展产生了积极的推动作用。

2.2
新中国成立后的专业筹建

新中国创立之初，国家各项事业百废待兴。在经历了1949年至1952年的国民经济恢复期后，为适应新的社会主义计划经济体制，国家开始对建筑领域的各项体制进行大规模的调整。

新中国成立前，全国共有包括清华大学、北京大学以及国立中央大学在内的十所大学设有建筑系。从1952年开始，为了适应人文学科与理科、工科的分离，教育部开始在全国范围内进行院系调整，调整后的高等院校为182所，设有建筑学专业的院校共有7所。其中，北京大学建筑系并入清华大学，中山大学建筑系并入华南理工学院，圣约翰大学建筑系、之江大学建筑系、杭州艺专和同济大学土木工程系一同被吸纳到同济大学建筑系，国立中央大学建筑系成为南京工学院的一部分，另外三所设有建筑系的院校是东北大学、天津大学和重庆土木建筑学院。通过这次调整，科学和艺术之间的距离和隔阂被人为地体制化，原本科学和艺术之间就存在一定的沟通和融汇的难度，在制度上分离之后二者的对话就变得更是难上加难。院校调整的期间，中央美术学院华东分院实用美术系以及清华大学营建系的艺术教学部分并入中央美术学院。

在建设领域，北京率先成立了国营的建筑企业，建筑业开始走上国有化的道路。其中华北公路运输总局建筑公司成为全国第一个大型的国营建筑公司，承揽工程、设计、材料、信托和工程工具等项目，其中也包括与室内设计相关的家具设计与制造。同时期开业的永茂建筑公司（后更名为北京市建筑公司），下设工程公司、材料公司和设计公司，其中的设计公司后来发展成为北京市建筑设计院。

1952年中共中央作出《三反后必须建立政府的建筑部门和建立国营公司的决定》。同年5月，当时领导全国建筑工程的中央财政经济委员会总建筑处联合在京的十几个设计单位合并成立了中央财政经济委员会总建筑处直属设计公司，简称中央直属设计公司。1952年8月，中央人民政府建筑工程部成立，次年，中央财政经济委员会总建筑处直属设计公司改称中央人民政府建筑工程部设计院，简称中央设计院。1954年2月中央设计院又改称建筑工程部设计总局工业及城市建筑设计院。此后该设计院又历经多次名称变更，最后定名为建设部建筑设计院（今中国建筑设计研究院）。

在1959年北京国庆工程筹备以前，中国还没有室内设计专业队伍，室内设计均由建筑师作为建筑设计的一部分来完成。

2.2.1 中央工艺美术学院的筹备与成立

随着国家经济建设的全面恢复，工艺美术生产也开始得到恢复与发展。全国工艺美术的年产值与从业人员数量开始逐年递增，工艺美术产品成了国家外汇收入的重要的途径，1952年换汇900万美元，1956年就增加到2800万美元，四年的时间涨了三倍多。社会对工艺美术人才需求日益突出，发展我国的工艺美术高等教育被提上了日程并开始受到重视。

中央工艺美术学院的建立

1951年，周总理在检查"建国瓷①"工作时，指示要成立工艺美术学院，要培养不同专业的工艺美术人才。1952年10月，中国高等院校调整的期间，中央美术学院华东分院实用美术系并入中央美术学院，庞薰琹、雷圭元、柴扉、顾恒、程尚任、袁迈、温练昌、田自秉等一批教师随之调入北京，并带来一批宝贵的工艺美术书籍与资料。一起并入中央美术学院的还有清华大学营建系的高庄、常沙娜等部分教师。三校合并组成了具有全国一流水平和规模的师资队伍，也成为当时中国工艺美术教育的主要力量。1953年，实用美术系全体教师参加了中国民间美术工艺品展览会，并此后到苏联与东欧各国举办展览，带回大量工艺美术资料，开始了工艺美术学院

①建国瓷是新中国成立初期，设计完成的国家用瓷，是首次由我国自己设计、自己生产的用于国家庆典活动的国宴瓷。

的筹备工作。1954年实用美术系更名为工艺美术系，成立工艺美术研究室，由庞薰琹、雷圭元负责。这也是中国高等学校第一次用"工艺美术"一词替代原有的"工艺"、"图案"、"实用美术"等专业名称，工艺美术教育的范畴与性质进一步得到规范与明确。1956年，高等教育部、文化部、中央手工业管理局与中央美术学院共同成立了中央工艺美术学院筹备委员会。

1956年5月21日国务院批准中央工艺美术学院成立，并规定学院行政上归中央手工业管理局和中华全国手工业合作社总社领导，业务上归文化部领导（图2-2、图2-3）。

图2-2 1956年11月1日，中央工艺美术学院成立典礼，会上江丰同志致辞 [1]

图2-3 1956年11月1日，建院典礼合影

①图片来源：《光华路：中央工艺美术学院影存》张京生，郭秋惠编。

建院初期，中央工艺美术学院在原中央美术学院工艺美术系染织科、陶瓷科、印刷科的基础上设置染织、陶瓷、装潢设计三系。与中央工艺美术学院同时成立的还有中央工艺美术科学研究所。1956年，由中央手工业管理局和中华全国手工业合作社总社筹办的中央工艺美术科学研究所成立，庞薰琹任所长。中央工艺美术科学研究所下设美术和科学两个委员会，另设有家具研究室等 9 个研究室（图2-4）。

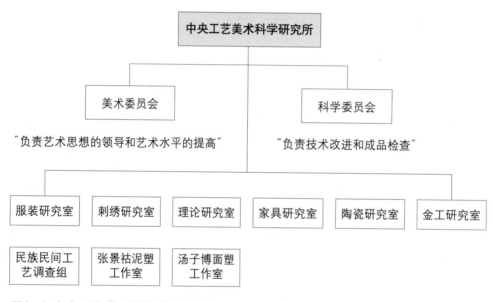

图2-4 中央工艺美术科学研究所结构

初创时期的三种办学方针

中央工艺美术学院是新中国建立之初，国家经济建设恢复发展时期的产物，是一代美术和工艺美术家不懈努力共同推动的结果。在成立中央工艺美术学院的问题上，教育决策层与美术家、工艺美术家以及民间艺人达成了一致共识。但在他们心目中，成立一所怎样的工艺美术学院，制定什么样的教学理念与方针，却各有各的想法与初衷。由于对"工艺美术"概念理解的偏差，在学院成立之初，就在如何办学的问题上出现了三种分歧。

第一种是为适应国家经济建设需要，发展手工业和手工艺品。主张工艺美术的教学为师傅带徒弟的作坊形式，倡导理论联系实际，教学密切结合生产实践，学生群体主要为手工艺人，强调向民间艺人学习，突出技能培训，学生培养直接面向生产。

第二种是认为学院应是装饰美术为主导，继承和发扬民族、民间装饰艺术，认为工艺美术学院应当以装饰美术家为主导，应当培养富有民族情感，能够坚持民族化的艺术道路，能够从事装饰美术高级阶段艺术创造的设计人才。

第三种办学思想是接受欧洲设计思想，强调艺术与科学的结合，提倡工艺美术要为社会主义服务，为广大人民的衣食住行服务。这种办学思想主张工艺美术是文化艺术事业，在关注民间工艺美术的同时，更注重面向现代生产，面向大众与现代工业品的美术设计。

三种办学思想的交锋始终贯穿中央工艺美术学院乃至中国工艺美术教育的初创时期。而持第三种观点的庞薰琹与其持相同观点的人在当时的政治环境中，并未得到决策者的认可和支持。在不久后的政治运动中，关于中央工艺美院办学方向的争论，演变成了一场政治斗争。今天，我们回过头看庞薰琹等人对于工艺美术的认识是较为全面而广泛的，设计教育思想是先进的，但这种先进的设计教育理念和设想却在当时被束之高阁，也使得中国工艺美术教育失去了一次提前走上正确发展道路的机遇。

2.2.2 中央工艺美术学院室内装饰系的筹备与建立

室内装饰系在中央工艺美术学院筹备阶段就已开始规划，1956年6月16日，《人民日报》发表《中央工艺美术学院将成立》一文，就已经将室内装饰系和金属工艺系作为学院成立后的设置计划。后来的《中央工艺美术学院（1956～1967）规划》，对室内装饰系的发展做出了如下说明：

> 培养公共建筑、民用建筑中的室内装饰及木器加工的美术设计专业人才，学生
> 毕业后，将在各个地区建筑设计院或室内装饰设计机构担任设计师工作。[①]

中央工艺美术学院室内装饰系第一批教师的教学经验主要是通过设计实践获得的。

从1953年开始，奚小彭、温练昌、常沙娜等一批美术工作者先后参与了苏联展览
馆、首都剧场的室内装饰工作，常沙娜回忆说"我在那里学会了看工程图，懂得了
平、立、剖的图纸关系，掌握了比例尺，学会了按比例画小稿，亲自放1：1大稿的
过程，我有幸与奚小彭相识，从他那里学习了不少建筑装饰的知识"[②]。他们深入现
场，与苏联专家、建筑师、技师、工匠等合作交流，积累了丰富的实践经验，也为
中央工艺美术学院室内装饰专业的筹备打下坚实的基础。

室内装饰系筹建的重要参与者

在中央工艺美术学院创建者之一庞薰琹的召集下，奚小彭、罗无逸、吴劳、谈仲
萱、顾恒、梁任生等人分别从不同的工作岗位调入中央工艺美术学院，成为为室内
装饰系的第一批骨干教师。1957年，在原中央美术学院工艺美术室内装饰研究室和
中央工艺美术科学研究所家具研究室的基础上，室内装饰系正式设立，并开始正式
招生。

庞薰琹：中央工艺美术学院的主要创始人。1925年，在法国学习的庞薰琹被巴黎博
览会的室内设计震撼，展览会现场的室内空间氛围深深的打动了他，让他第一次认
识工艺美术，从此也萌生了在中国创办工艺美术学校的想法。其中，对于室内装饰
专业的创办也有了畅想和计划，他说"引起我最大兴趣的，还是室内家具、窗帘，
以及其他陈设，色彩是那样的调和，又有那么多的变化，甚至在一些机器陈列馆
内，也同样是那样美。这使我有生以来第一次认识到，原来美术不只是画几幅画，

---

①参见清华大学美术学院档案馆资料《中央工艺美术学院（1956~1967）规划》。
②参见常沙娜访谈记录，2011。

生活中无处不需要美"[①]。后人至今都可以从这些生动的文字中感受到一位艺术家在创办学校、教书育人方面的激情。同时，字里行间透露出庞薰琹对未来工艺美术学院办学模式的一些思想，这些思想也无不体现在其后来参与工艺美术学院建设发展的相关主张中。

吴劳：从1944年开始，吴劳就和张仃一起参与展览会的设计工作。新中国成立初期，吴劳担任中央美术学院美术供应社的负责人，并开始承接各种展会设计任务。之后，吴劳又带领一批技术人员成立展览工作室。展览设计工作让吴劳第一次接触实用美术，大量的展览设计经验也让他对室内设计有了更为深刻的理解。

奚小彭：1947年，奚小彭考入杭州国立艺术专科学校实用美术系，师从潘天寿、林风眠、雷圭元、庞薰琹等。当时课程是三年制，实用美术系在第三年开设室内装饰相关课程，并无完整的课程体系，室内装饰的概念主要是关于"洛可可与新古典主义"，参照法国的室内装饰教学，课程主要为表现图绘制和家具制图等。[②]三年级下学期，雷圭元建议奚小彭到北京参加实践，以半年的工作成果作为毕业的成绩。在雷圭元和庞薰琹的推荐下，奚小彭来到北京跟随梁思成学习工作。1950年，以优异成绩毕业的奚小彭在梁思成的推举下来到中共中央修建办事处从事建筑设计。1952年，奚小彭调入建工部北京工业建筑设计院，在著名建筑师戴念慈和苏联专家安德列耶夫的指导下工作。

罗无逸：1947年，罗无逸与奚小彭同年考入杭州国立艺术专科学校实用美术系，毕业后进入中共中央修建办事处。他从施工图开始，学习制图和工程技术。而后又到光华木材厂从事家具设计，其间与中央美术学院实用美术系交流合作，为中南海的接待厅、领导办公室等进行了大量的家具设计与制作生产。1954年，罗无逸调入建工部北京工业建筑及民用建筑设计院，从事建筑装饰设计工作。罗无逸从事家具设计的经历奠定了室内装饰系建系之初围绕家具设计开展教学的基础。

①庞薰琹. 就是这样走过来的[M]. 北京：三联书店，2005，1943.
②参见罗无逸访谈记录，2011。

1956年11月1日，中央工艺美术学院正式成立。在成立大会上，副院长庞薰琹在谈到学院的办学方针时指出"工艺美术学院所培养的学生应是具有一定马列主义思想修养，掌握工艺美术的创作设计及生产知识与技能，全心全意为社会主义服务的专门人才"。庞薰琹所提出的中央工艺美术学院的办学方针，既提到了基本政治素养的要求，又明确表达出了创作和生产结合的教育理念，可以说是一个标准的"又红又专"的育人思路，这也成为包括室内装饰系在内的各个专业系制定教学目标和培养方案的出发点。

2.3.1 专业教学：与生产实践的紧密结合

中央工艺美术学院室内装饰系1957年正式成立，并制定了五年制的专业教学计划。教学计划中按照学院"政治要求+能力要求+服务要求"办学方针的三段式表述结构，并就室内装饰的学科特点提出了学生的培养目标和课程要求。值得注意的是，这个教学计划明确提出了应该科学和艺术知识兼备，理论知识和实践能力并重的要求[①]，并且提出培养的人才所扮演的角色应当是"室内装饰设计师"。即便站在今天的角度来看，这个目标仍然符合当今设计教育的主流方向。可以说，在当时的历史条件下提出这样的目标和要求，办学者既充分地尊重了设计学科本身的教学规律，同时又展现了最早一批室内设计教育者的理想和情怀，的确可以称之为一个激动人心的亮点。

教学目标

在室内装饰系创立初期的奠基阶段，正好也是中国政治风波不断的一段时期，1957

[①]室内装饰系五年制教学计划中课程要求的原文是"培养学生具有忠实于社会主义建设事业的坚强意志，有一定的文化艺术科学水平和一定的生产知识，在室内装饰专业上有较高的创作能力和理论知识的室内装饰设计师。并且要求毕业后能独立进行公共建筑、居住建筑的室内装饰，建筑装饰和家居设计工作"。资料来源：中央工艺美术学院1957~1983年室内装饰专业教学大纲。

年的"整风"运动以及接踵而至的"反右派"运动不断影响甚至冲击着艺术教育的宗旨、方向、理念和定位。体现在教学目标、培养方案和教学大纲上，总体表现为三个特点：第一个特点是教育所承载的政治和意识形态的色彩越来越浓重，甚至提出了"教育为政治服务"；第二个特点是教育过程中的实践的地位得到提升；第三个特点则是在培养什么样的人的问题上产生摇摆和变化。就在1957年，室内装饰系刚刚提出自己的办学方针后的一年，中央工艺美术学院制定的教学大纲就发生了变化①，客观地说，这种变化具有一定的合理性，例如"理论与实践并重"、"发扬民族、民间传统"等，但是在社会"左"的浪潮中，其中的很多本身就带有政治运动色彩的倡导极易演变为"极左"的错误，进而会对正常的教学秩序带来破坏。这样的教学大纲所导致的矫枉过正的负面影响随后就显露无遗，那便是以政治活动代替教学活动，以实践锻炼代替课堂教学，过分突出艺术教育"为工农兵服务"也对教学产生了很大的影响。

所幸的是，在"大跃进"和"反右倾"之中，虽仍不断出现反复，但是艺术教育界也得到了一定的喘息机会用以纠正"教育革命"所犯的错误和负面影响。1960年左右，中央工艺美术学院终于有机会对教学目标进行纠正与调整，这次的三段式教学目标的变化在于，首先一定程度上弱化了政治色彩，其次在实践能力上突出了要求学生要"通晓工艺过程"，最后在关于培养什么人的问题上进行了纠正，重新回归了培养"设计师"的定位。

课程体系

中央工艺美术学院室内装饰系的学制为五年，课程体系的规划按照"基础课+专业课"的主干模式来安排，前两年是基础课程，后三年是专业课程（表2-1），除此之外还有若干公共课程，包括外语、体育、美术史等。基础课方面，课程设置的主要

①1958年后中央工艺美术学院的教学目标改为："在贯彻教育为政治服务、教育与劳动相结合的方针下，培养德、智、体全面发展，具有共产主义觉悟，具有全面的专业理论知识与生产技能，在艺术上能继承发扬民族、民间传统，能识别、批判资产阶级艺术思想，具有专业设计能力，又红又专、一专数能、能上能下的普通劳动者"。

目的是锻炼学生初级阶段的能力，主要包括绘画、图案等课程。专业课方面主要包括专业基础课（包括制图、建筑构造、建筑装饰风格史、装饰理论和专业图案）、设计课（包括家具工艺与设计、灯具用材与设计和展览会设计）、工艺制作课与下厂实习。

表 2-1 室内装饰系的课程体系

公共课程		政治、中国工艺美术史、外国美术史、外语、文学选读及书法篆刻讲座、体育等
一、二年级	基础课程	锻炼初级阶段技能
	绘画课	**素描**：锻炼造型基础。要求学生正确理解和掌握客观物体的基本形体、基本结构、比例、透视、虚实关系、体积感与空间感。 课程内容：石膏几何形体和石膏头像。 课时：每单元 4～6 周。 另有速写作业
		色彩：锻炼水粉、水彩技法与表现基础。要求学生掌握绘画技法，正确理解固有色、光源色、环境色等色彩关系。 课程内容：室内静物写生。课时：每单元 4～6 周。 另有室外写生与下乡写生
		国画：学习传统线描和传统绘画技法
	图案课	加深学生对于传统图案构成法则和装饰图案规律的理解。 课程：临摹课、写生课（花卉、动物、风景为主）。 通过写生变化，练习抓住对象特征和结构本质的能力；通过艺术哲学的渗透，提升学生的艺术鉴赏力、艺术概括能力

		包括专业基础课、设计课、工艺制作课与下厂实习
三年级以上	绘画课	**制图**：包括投影、透视、渲染等。运用几何、投影、透视、制图的规律，掌握制图的基本技法。 **建筑构造**：认识建筑蓝图，掌握测绘方法，理解一般房屋的构造，认识初步建筑设计。 **建筑装饰风格史**：了解中国和西方建筑各个历史时期的发展情况及其风格变迁，增强广博的专业知识，提高修养，并作为专业设计的借鉴。 **装饰理论**：提高装饰理论的修养，掌握正确的创作方法。 **专业图案**：树立正确的设计思想，理解图案的基本法则规律，提高图案的艺术修养，掌握图案的基本技法。 **家具工艺与设计**：了解一般家具的结构，掌握用材的种类性质，简单操作和加工处理的基本技法理论。 **灯具用材与设计**：了解一般灯具的结构，掌握用材的种类性质，简单操作和加工处理的基本技法理论。 **建筑室内设计**：包括公共建筑室内设计、居住建筑室内设计。学习建筑装饰、室内装饰、家具、灯具、装修部件和陈列布置的基本规律及设计原理，并掌握设计制图的基本技法，能够较熟悉地进行公共建筑、居住建筑室内的整体艺术设计和部件的装饰设计。 **展览会设计**：理解各种性质展览会设计的基本原则，掌握陈列室的空间划分，陈列家具的比例尺寸、照明、色彩和室内装饰
设计实践		教学与实践相结合、设计与制作相结合

室内装饰系成立初期的课程体系建构阶段，对于课程体系该如何设置，除了考虑学科本身的内涵和需求之外，也参照了苏联和欧洲的设计课程，并采取了"因师设教"的方法来构建。所谓"因师设教"，是指并没有根据学科层面上的需求来设置课程，而是根据现有的师资力量来权宜地安排该为学生上什么课，这一点可以从多个访谈材料中得以印证。因此，当时室内装饰系的课程体系设立不是一个简单的自上而下的过程，而是一个混合交叉的过程，从这一点也可以看出，室内装饰系成立初期在教学上的探索性和在资源上的有限性，教师的授课内容也多来自于实践的总结。

在当时课程的比例设置中，绘画、图案等基础课在室内装饰系课程体系中占有较大比重。在室内装饰系五年学制中，接近一半的时间都专门用来学习绘画和图案，甚至有的学生后来回忆在后三年的学习当中也会穿插一些基础课的内容，这种课程设置的目的是为了通过基本功的训练强化学生的设计思维能力。潘昌侯先生曾回忆："当时大量的速写、图案、绘画等基础训练是对设计思维敏感性训练的有效方式。"[1]

当然，这种训练方式客观上也存在一定的无奈，因为工艺美术学院本就长期存在基础课和专业课的争论，很多老师都是从美术学院毕业的，他们还是继承了美术学院的教学观念，也不是非常乐于做出妥协和改变[2]。当时专业课的启蒙课题就是学木工，第二个课题就是做木头椅子，毕业设计也是做一套家具。之所以注重家具设计的教学，首先是因为家具课是室内设计很好的承载体，室内设计的诸多能力的培养可以通过家具设计来实现；其次，在当时的社会条件下，家具是可实践性、可实现性最高的设计产品，与现实结合得最紧密，也符合"实用"的艺术教育方针。

在绘画和图案课程中，由于学生中存在比较普遍的重绘画、轻图案的倾向，所以雷圭元又进一步加强了图案教育以强化理性思维能力的训练，而他对于图案学的深刻认识也成了室内装饰系图案课程学习的指导思想。值得关注的是，此时雷圭元提出的图案概念，就课程内容所反映出的含义来看已经与其早期的概念有所不同，早期的图案内涵就是设计的概念，而此时更多的是装饰纹样。这种装饰纹样的图案课程对早期学生的影响也是非常深刻的，大量学生回忆在早期室内装饰系学习的过程中，对图案课程的印象和体会都颇为深刻。

这种中央工艺美术学院初创时期的绘画、图案并重的教学思路，在60年后的今天依然影响着中国高校室内设计专业的教学模式。

---

①参见潘昌侯访谈记录，2011。
②参见辛华泉访谈记录，2011。

教学过程

中央工艺美术学院室内装饰系的主干课程包括基础课程和专业课程，而这两类课程的教学过程又各有特点，这些特点的形成也是当时中央工艺美术学院和室内装饰系组织结构、师资力量和办学思路的反映和体现。

基础课程的授课资源是中央工艺美术学院的公共资源，所谓的"公共"，体现在基础课程的授课教师来自工艺美术学院的各个院系，在当时的条件下也是一种优化配置教师资源的教学组织方式，这种机动性也渐渐成为工艺美院的传统。例如，雷圭元、常沙娜就曾经教授过室内装饰系的图案课程；另外各系也有专门的老师讲授图案课程，室内装饰系奚小彭结合建筑讲图案课，陈圣谋讲动物图案，崔毅则是结合敦煌图案讲授传统纹样[①]。1964年1月，原北京艺术学院的建制被撤销，美术系的卫天霖、吴冠中、阿老等调入中央工艺美术学院，也壮大了工艺美院的师资力量，特别是加强了在基础课授课方面的实力。另外，工艺美院也经常举办全校性的讲座，讲座的主题中，基础课性质的美术讲座更多一些，这也正好满足了学生们的学习要求和兴趣。

室内装饰系在教学活动中，特别是专业课的学习中，形成了以工程实践带动、推动教学的模式，这种模式的形成并非室内装饰系的教师预先的刻意设计，而是形势所需的"不得已而为之"。潘昌侯曾回忆："当时，国务院指令许多政治任务要工艺美院做，显然教学不去结合就完不成任务，也搞不好教学。而且节日游行（五一、十一彩车队伍年年搞），都是我们要参加的政治任务。因而，教学与实践结合是逼出来的[②]。"当时的教学主要就是侧重实践，原因就是政治任务指定工艺美院要进行参与，师生全员参与整个设计的过程可以说就是实践带动教学的过程，实践与教学密不可分。

---

① 参见柳冠中访谈记录，2011。
② 参见潘昌侯访谈记录，2011。

从"室内装饰"到"建筑装饰"

从1957年室内装饰系成立到1966年"文化大革命"之前，这十年的发展变化之快，深层次地触及了工艺美术教育者和工作者对于工艺美术和室内装饰概念的理解与认识，而这种认识的发展也直接反映到中央工艺美术学院室内设计专业名称的变化上——十年六变，共计五个名称（图2-5）。

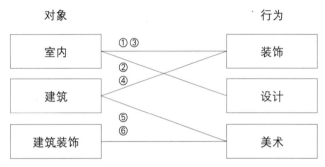

图2-5 1957年至1966年室内设计专业的更名过程

在成立之初，中央工艺美术学院在室内装饰研究室的基础上，成立室内装饰系（①号组合），1957年5月招进第一届7名学生；在随后的"反右"运动中，装潢设计系的代主任袁迈被划成"右派"，这场突如其来的变故直接导致了1957年10月装潢设计系与室内装饰系合并，合并后更名"装饰工艺系"，但依然保持两个专业系的建制。与装潢设计系合并后，室内装饰专业在历史档案记载中，"室内装饰"变更为"室内设计"（②号组合）；1958年上半年，室内设计与装潢设计又再次独立成系，室内设计专业恢复为室内装饰系（③号组合）。短暂存在的"室内设计"中的"设计"概念是如何进入专业名称的，至今已经无从考证。但可以肯定的是，这两次名称变化中对专业认识和理解并未有太大的转变。

1958年，室内装饰系开始参与"十大建筑"的设计工作，工作内容和范围都不仅局限于"室内"概念的物理划分，在建筑外檐、建筑构件装饰上承担了大量的装饰设计工作。1961年9月，依据颁布的《高等工艺美术学校教学方案》，室内装饰系更名为建筑装饰系（④号组合）。这一次的变化是"对象"的变化，原因也比较明确。通过设计实践，室内装饰系专业定位已不仅仅局限于室内，他们实际所做的工作已经是对整体"建筑"的"装饰"了。所以这次转变标志的是在对象层面的理念变化，是实践所推动的。不过，转变的动议并不仅仅来自工艺美术学院内部，当时社会上包括建筑设计院也都提议室内装饰系更名，因而就产生了这样的转变。

1962年8月，建筑装饰系再次更名为建筑美术系，理由是该专业内容包括建筑装修、室内陈设布置、家具设计等项，比较广泛，不仅是建筑装饰问题，建筑美术（⑤号组合）一词比较概括，而且装饰一词有"附加的""外在的"词义，对于专业内容不够贴切。当时，奚小彭也在自己的文章中阐释和讨论"装饰"的概念，他所认为的装饰其实不是附加和外在的，而更接近于设计的内涵。但是整个社会对装饰一词的理解更倾向于附件和外加的美化，所以试图扭转也显得不大可能。

1963年，国家第一次颁布统一的高校专业学科目录，成为高等学校专业设置与管理的重要依据。在《高等学校通用专业目录》中，该专业以"建筑装饰美术"的名称出现。1964年3月，建筑美术系更名建筑装饰美术系（⑥号组合），这次更名是自上而下的一种口径统一，实际上这个变化也并非深入人心，因为之后在1965年的学院介绍中，仍使用建筑美术系这个系名，因此也可以大胆推断这种转变也并非源于理念的变化，并且对理念也没有产生什么变化作用。

2.3.2 设计实践：政治主导下的社会服务

中央工艺美术学院室内装饰系在专业创立初期承担了很多国家级的设计任务，由于这些任务所涉及的内容有较强的政治性和象征性，因此参与这些实践项目也迅速推动了中央工艺美院室内装饰专业在极短的时间内创作出一大批具有社会影响力的设计作品。纵观这段室内设计专业发展中的高潮，"服务国家"是一个最根本的特征，为国家、为政治服务的主题贯穿了设计实践活动的始终，它对室内设计学科教学的组织安排甚至对之后学科的布局发展都产生了深远的影响。

实践内容

新中国成立伊始，中国大地百废待兴。在这样的社会现实之下，室内设计对于绝大多数地区来说都是一个"奢侈品"。因此，如若不是出现公共建筑兴建的浪潮，室内设计的大发展是缺乏土壤的。到了20世纪50年代后期，经历了近十年的发展之后，国民经济具备了一定的基础，为了迎接即将到来的十周年国庆，中央人民政府决定在首都北京建设包括人民大会堂、革命历史博物馆、民族文化宫、民族饭店、钓鱼台国宾馆等在内的国庆献礼工程，由于这个庞大的大兴土木的建设计划包括十个大型项目，所以也被称为"十大建筑"。虽然在室内装饰系初创时期也参与过其他形式的设计实践活动，但由于"十大建筑"空前的政治地位、建设规格、社会影响，且室内装饰系师生深入地参与到了工程建设之中，因此"十大建筑"几乎成了这段时期中央工艺美院室内装饰系设计实践的代名词。

"十大建筑"的共性非常明确，都是由政府主导的公共建筑。在创作方针上，毛泽东主席提出"中国老百姓所喜闻乐见的中国作风和中国气派"，周恩来总理提出了"装饰要朴素、大方、平易近人；少而精，不要多而滥，古今中外一切精华皆为我用"。从方针的字面来看，领导人说的是建筑和装饰应该具有的呈现效果，反倒没有强调它的政治性和象征性。当然，后来的实践者和实施者对这些建筑的装饰艺术的要求有自己的理解，例如奚小彭就指出人民大会堂的建筑就要反映社会经济面貌，表现民族气魄，反映建筑事业所取得的光辉成就，以及中国灿烂的文化和艺术。后期有很多关于"十大建筑"的研究，都把这些建筑和装饰具有的政治象征意义当作设计的出发点，但是再去仔细回顾历史资料不禁要问，领袖指示和艺术工作者的理解之间的微妙差异是如何产生的？现在可能已经无从考证，当时的参与者对项目的理解是如何趋向政治意义和象征意义的，但从当时"政治挂帅"的工艺美术教育方针来看，这些艺术工作者自觉地将其政治化也是一种自然而然的反应。

政治意识和象征性的设计手法是"十大建筑"的设计所表现出的突出的特点。另外，在室内具体的图案纹样设计中，室内装饰系的师生也充分考虑了借鉴"古今中外"，并突出"中国风格"，例如卷草纹样的设计就借鉴了敦煌的纹样，并吸取了魏晋的质朴和唐宋的流畅特点，在其他一些图案的设计中，既借鉴了国外的格局格调，更突出了民族特色。这些装饰手法被广泛的运用在建筑外檐、廊柱、门窗、室内界面（如顶棚、墙壁）、织物、陈设品设计制作中，依托石膏花饰、石材雕刻、沥粉彩画、贴金、琉璃等传统工艺方式，实现对建筑空间的艺术化塑造。

在"十大建筑"的建设过程中，室内装饰系师生承担了建筑装饰、家具、陈设、灯具等的设计和制作工作。在人民大会堂的建设项目中，室内装饰系承担了北京厅、山东厅、云南厅、山西厅、甘肃厅、辽宁厅、陕西厅、西藏厅等30个厅堂室内装饰

图2-6 人民大会堂天顶灯饰设计

图2-7 人民大会堂宴会厅前厅室内　　图2-8 人民大会堂宴会厅

设计及顾问工作，染织系参与了部分建筑装饰、厅堂的窗帘、沙发面料等纺织品设计，装饰绘画系承担了西藏厅、宁夏厅等厅堂装饰画和壁画创作，陶瓷系承担了宴会厅陶瓷餐具设计制作，这也恰好反映出了室内设计的系统性特征，室内设计不是单独哪个人和哪个专业能够完成的，正如张仃所说的室内设计就是一个"空间导演"（图2-6～图2-8）。

"十大建筑"的建筑与室内装饰是室内装饰系成立和发展初期最为重要的设计实践，但却不能称其是这段时期中设计实践的全部。事实上，在那个异常强调教学与生产和实践相结合的时代，工艺美院室内装饰系所承担的大小实践项目还有很多。例如中国美术馆建筑外立面装饰及室内设计、家具设计，京棉二厂展览设计，大连造船厂万吨远洋轮船舱房内部装饰设计，无轨电车的外立面设计，形势教育展览、农展会高教馆设计、防空洞设计，波兰印度大使馆家具设计等。[1]但是，由于"十大建筑"的影响力远甚于这些项目，以至于这些项目往往不被人熟知。设计实践也并非始终受到欢迎，在"左"的社会形势下，一些为实践而实践的项目也让室内装饰系的师生倍感无奈与疲倦，形式化和违反学习实践规律的设计实践活动不仅没有让学生有所收获，而且还大量占据了学习的时间，也滋长了对于"实践"的负面情绪和评价。这样的正反两个方面，才组成了专业初创时期设计实践的全部拼图。

---

[1]通过翻阅20世纪50～60年代的院史和系史档案可以找到这些设计实践项目的一些线索。

组织形式

鉴于"十大建筑"在中国室内设计史上的里程碑价值，后续有许多研究者对"十大建筑"之于室内设计的艺术价值、启示意义进行了反复的研究和探讨，这个周期历经半个世纪，直到现在每年仍然还有诸多有关"十大建筑"的学术文章发表。然而，关于这个期间设计实践的组织、运作和管理的研究却仍旧寥寥。既然室内设计被称作是"空间导演"，它的组织系统性和行为复杂性已经被接受和认可，但是关于设计和实践"过程"的研究却始终难以学术化，一定程度上也反映出长期以来从事室内设计的专业者对"专业"理解的偏狭。

通过历史文献的挖掘，可以发现不少当时在室内装饰方面的组织和管理的创新和独特之处，这些环环相扣的运作模式也确实为工程进度提供保障。后续内容的分析，主要参考的史料是中央工艺美术学院当时所做的《参加国庆十大建筑美术设计及教学工作计划》和时任工艺美院教师李绵璐所做的《国庆建筑》笔记。

在总体上，室内装饰系确立了以工程实践为核心的方针，教学内容的进度和安排也是"围绕工作定"①，实际上，在这样的设计实践中，高等院校教学的主体地位已经被削弱，在政治任务和突出实践的教育背景下，教学只能从属于实践。在组织体系中，中央工艺美院也设立了一种"嵌入性"的工作框架，把工程师体系和行政领导体系结合到了一起。学院在当时成立了一个领导小组，主要负责学生的教学业务，而事件现场的工作则服从工程师的领导。为了满足工程建设的需要，同时兼顾专业教学，学院建立了一种因需设教的机制。由于当时的学生对建筑知识比较陌生，室内装饰系开设了很多建筑类的课程，以解决工程中的实际问题为导向，安排了包括本院教师在内的"建筑师、使用单位专家、民间艺人以及工人联合指导的教学方式"①。

设计实践采取的并非是由建筑师或老师主导，再把具体工作分派给学生去做的方

---

① 《参加国庆十大建筑美术设计及教学工作计划》（工艺美院史料）中有明确的表述，教学内容要"围绕工作定"。

图2-9 1959年4月，中央工艺美术学院参加"十大建筑"装饰设计第三轮工作的师生与北京市建筑设计院同志合影于中国革命博物馆、中国历史博物馆工地

式，而是提出任务之后，由诸多学生提出设计方案、集体讨论、重点修改，最后再对比优选。这种类似于"招投标"的工作模式，配合"政治动员"和"竞赛评比"的激励机制，充分激发了每个个体的力量，这也就不难理解为何能在短期内完成庞大的工作了。在工程进行中，学院十分注重学生的思想动态，通过"誓师"、"党团组织活动"、"政治学习"、"思想辅导"等形式激励学生积极参加工程实践，提出了"工作好、教学好、学习好、团结好"[2]的口号。在时间上，采取了军事化的管理模式，建立了"作息时间表"统一管理时间。项目进展的过程中，频繁的定期沟通机制也为提高工作效率提供了保障。除了院内师生、系内师生和分组师生之间进行频繁"观摩、小结、讨论"外，学院也要求师生"与设计院的人坐在一起"，加强与工程师、施工人员的交流（图2-9、图2-10）。

①参见《参加国庆十大建筑美术设计及教学工作计划》记录。
②参见李绵路《国庆建筑》笔记。

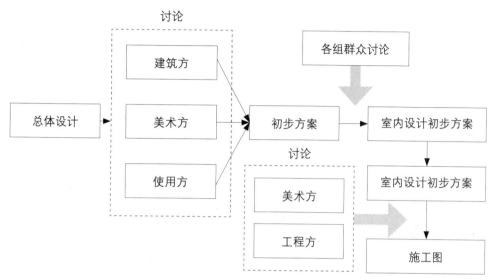

图2-10 "十大建筑"设计方案的形成流程 ①

评价与影响

这一阶段的设计实践，特别是参加"十大建筑"的建设，对中央工艺美术学院以及中国室内设计专业教育的发展都产生了非常深远的影响。"十大建筑"本身成了全国建筑与室内装饰竞相模仿的范本，其政治意义和设计价值一举奠定了中央工艺美院室内装饰系的专业地位。在建设项目的过程中，出现了第一批独立于建筑师而进行室内设计工作的室内装饰师，一批具备丰富实践经验的室内设计人才队伍迅速集聚和成长起来，他们之中的很多人后来也成为中央工艺美院室内设计专业教学的骨干，对学科的继承和发展意义重大。由于室内装饰的综合性，在完成社会任务的过程中，中央工艺美院的染织、陶瓷、绘画、雕塑等多个专业也被带动起来，在设计实践方面取得了长足的进步。

通过参与"十大建筑"，设计实践在室内设计专业师生的意识中树立了实践对于室内设计专业具有重要的作用和价值这一理念，时至今日诸多受访校友系友在谈及那段历史时都还会特别强调"十大建筑"设计实践的经历，可以说这个过程在他们的

①根据《参加国庆十大建筑美术设计及教学工作计划》对设计和施工过程的描述绘制。

设计生涯中留下了深深的烙印。

在专业初创时期，特别是在承担"十大建筑"这样的国家工程的阶段，实践本身就成了一种教育的方式，"因需设教"的模式使得学生有机会能够涉猎包括结构、材料等在内的多种学科的知识，而且由于亲身参加到实践的过程中，边学习、边实践，能够缩短学习和应用之间的时空距离，更好地促使知识和技能相互转化、彼此促进。在工艺美术的概念下，设计和制作是缺一不可的两个过程，实践的过程恰好能够使得单纯的课程教学和课堂实践中"制作"一环的短板得以弥补。

然而，以现在人们对教育规律的认识来看，当时艺术教育中实践在整个教育环节所占的权重显得过大，而且实践内容与教学目标之间也存在较大的脱节。一方面，政治挂帅的高等教育本身要为政治服务，高校在政治任务之前理所应当全力以赴；另一方面，"教育改革"中理论和实践的关系本身就已经被误读，所以工艺美术教学中正常的平衡被打破也几乎无可避免。由此带来的负面影响，在当时就已经显露出来了：

> 据不完全统计，中央工艺美术学院教师参加十大建筑美术设计及其他社会任务的美术设计共有25人，占专业、基础教师39人的60%以上，累计占用教学备课时间130个月左右，平均每人占用5个月左右，占一年工作时间的40%以上。[1]

室内装饰系徐振鹏老师在一年中参加了七个大型建筑项目的室内设计评审工作，三个设计项目的设计座谈会，为八种产品或建筑提供设计意见或鉴定意见。[2]在这个过程中无论是教师还是学生，正常的教学节奏和秩序都被打乱，对尚未形成系统性知识体系的专业教学还是产生了一定的影响。

---

①资料参考自《中央工艺美术学院1958～1959我院师生参加社会工作的调查》。
②资料参考自《中央工艺美术学院1958～1959我院师生参加社会工作的调查》。

2.3.3　学术研究：实践总结与教材编写

随着中央工艺美术学院室内装饰系的成立，室内设计专业的学术研究也开始展开，
而随着实践经验的积累，室内设计的学术研讨、辩论和探索也逐渐增多，因此"总
结"可以说是这一阶段学术研究的一个关键词。由于专业初创，教学内容和教学方
式也处于摸索之中，一些基于教学体系建设的学术观点也成为这一阶段学术研究的
一个主题。

室内装饰系建系初期，以"十大建筑"为代表的设计实践推动了室内设计专业的大
发展。在经历了全系动员、全员参与式的集中实践后，对"十大建筑"的创作进行
回顾、总结和分析成为当时室内装饰系在学术研究方面重点关注的工作。1959年，
奚小彭分别在《建筑学报》和《装饰》杂志上发表论文《人民大会堂建筑装饰创作
实践》和《现实　传统　革新——从人大礼堂创作实践，看建筑装饰艺术的若干理论
和实际问题》。在这两篇文章中，奚小彭对建筑装饰艺术进行理论总结，对建筑装
饰中的形式主义、结构主义和复古主义进行反思，分析了建筑与装饰的关系，强调
装饰与建筑的整体性与一致性，以及建筑师与装饰美术家紧密合作的重要性。同
年，奚小彭在《美术》杂志上刊文《崇楼广厦　蔚为大观》，以相对普及性的方式
介绍十大建筑的装饰手法与艺术呈现，歌颂中国共产党的正确领导与社会主义制度
的优越性；他在《文汇报》上发表的《各族人民的文化艺术宝库——民族文化宫》
介绍了"十大建筑"之一的民族文化宫的创作理念、装饰手法、设计过程。奚小彭
是"十大建筑"建设的亲历者，作为主要的参与人员，他在实践之后能够很快将经
验学术化，这种研究自觉确属难能可贵，而他的这些早期论文也成为研究"十大建
筑"的重要文献。另外，人民大会堂山西厅设计工作组以集体的名义在《装饰》发
表文章，从室内空间的色调、氛围、家具形式、窗帘、烟具、茶具、花盆等陈设品

的方面介绍人民大会堂山西厅室内装饰设计的方法、过程中遇到的问题以及完成设计后的思考。1961年，崔毅在《装饰》杂志发表文章《中国美术馆的装饰艺术》，介绍中国美术馆装饰艺术的形式与内容，文章分别介绍了中国美术馆的正门琉璃彩画、籱头彩画、山墙装饰、门头装饰、镂雕装饰以及水池景观的装饰内容与设计手法。

另外，参加过"十大建筑"建设的其他专业的教师也根据其创作经验，发表了关于室内设计问题的研究观点。例如，吴劳在1961年的《装饰》杂志上写了关于"十大建筑"中的灯具设计制作的案例介绍，并总结出在不同室内环境中灯具的使用原则。同年，雷圭元在《装饰》杂志发表了《应该从多方面注意室内装饰艺术》的文章，总结了"十大建筑"工作过程中凸显的问题，以室内装饰在处理政治性与艺术性、朴素大方与富丽堂皇、民间艺术与宫廷艺术等问题为例，强调了室内设计中装饰艺术理论指导的重要性，同时呼吁应加强室内设计人才的培养。

除了对设计实践中"十大建筑"的总结研究，这一阶段室内装饰系的教师在家具设计研究上也多有论述。1961年，《装饰》杂志分别刊发徐振鹏的《家具》和罗无逸的《家具的民族形式》。在《家具的民族形式》一文中，罗无逸回顾了新中国成立十年以来中国家具设计、制作的发展状况，指出通过创作实践总结家具民族形式最切合实际的方法提出家具造型首先要满足使用性质和功能要求，充分利用材料和技术优点以及充分研究古今中外一切家具的造型手法，有创造性地运用和发展"。另外，奚小彭也在《美术》杂志上发表了他对于室内设计中家具设计的观点，探讨了家具设计的中国传统风格与民族性、时代性的问题。

特别值得一提的是，奚小彭1963年在《美术》期刊发表论文《试论实用美术的艺术特点》，在自己实践经验的基础上，从艺术理论高度开始概括和阐释实用美术的功能作用特点、艺术表现特点和经济性的特点。从理论分析的角度讲，这篇文章应当具有里程碑式的意义。因为这篇文章开始跳出具体的对象和操作的层面，开始从概念的角度和哲学的深度建构实用美术的内涵和特征，其对实用美术的分析实际反映的正是"现代设计"的基本思想。

室内装饰系初创之际，对课程体系的建构是时任教师的重任和挑战。室内装饰系的教师根据课程的需要，在自己的实践经验之上参考国外的教学内容进行了室内装饰系课程体系的开拓。在筹建工艺美院室内装饰系之时，罗无逸就开始着手翻译《家具百科全书》以作为学生的教材使用。1960年，奚小彭在给室内装饰系学生的讲稿基础上整理出了《专业图案的规律与格式》，可惜未能付梓，奚小彭认为"图案学习，只是为专业创作做好思想上和表现方法上的准备，熟悉图案的一般规律和构成方法是一个必经阶段"。这本讲稿分为四个部分，对图案的构成和技法做了结构清晰的阐述，未能出版实在是非常遗憾（表2-2）。

表 2-2 《专业图案的规律与格式》

第一部分	图案的一般规律	1.生长规律 2.变化规律（求全、加强、象征、传神） 3.组织规律（调和、完整、安定） 4.适合规律
第二部分	图案的格式及其构成	1.网状组织 2.结晶状组织 3.连锁组织 4.分枝样式
第三部分	壁纸	1.中国民间彩印花纸 2.俄罗斯、美国等国外壁纸样式 3.壁纸的运用
第四部分	中国图案的构成法则	1.宾主分明 2.交代清楚 3.提炼取舍 4.完整求全 5.特征鲜明

1964年，中央工艺美术学院室内装饰系的第一本出版物《家具工艺》面世，著者为谭仲萱和罗无逸，这本教材根据中央工艺美术学院建筑装饰系课程教学大纲编写而成。两位编者在很短的时间将手头一些资料加以整理，编写成册，以应教学之需。教学中运用了大量图示，对家具构造、加工工具、材料（木材、竹材、藤材、金属材、柔软材、油漆）和加工方法等做了介绍和讲解。首部教材即为家具主题，可见当时中央工艺美院室内装饰系对家具专业课程和技术工艺的重视。

1959年制定的中央工艺美术学院《参加科学研究及部分编写工作情况》当中，室内装饰系的研究计划共分为绘画创作、工艺设计和编著书籍三个部分（图2-11）。绘画创作包括油画、历史画、年画等；工艺设计包括轻便家具、折叠式家具等；编著书籍包括房屋建筑、家具测绘、砖雕气孔装饰和图案构成。从这份科学研究的计划来看，"科学研究"的形式和内容全部都是与实践紧密结合在一起的，也都是为实践而服务的，这自然也是当时教育方针和教育理念的一种写照。

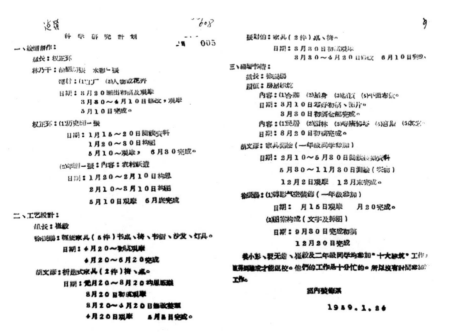

图2-11 1959年中央工艺美术学院《参加科学研究及部分编写工作情况》

2.4
专业教育的十年停顿

从1966年开始的"文化大革命"是中国艺术界、教育界的一场浩劫，寥寥数语，难以准确刻画出当时的整个社会背景，然而"极左"的社会风潮却是不争的事实。政治风波为包括室内设计专业在内的工艺美术学科，留下的生存空间和发展空间极其狭窄，艰难二字也许是最准确的描述。

"文化大革命"开始之后，中央工艺美术学院的教学活动被彻底打乱，专业教育陷入停滞，政治运动和思想改造取代了专业学习成为了这一阶段的主题。各专业的专家和骨干被定为"走资派"、"反动学术权威"和"黑帮"而受到批判批斗。教师在教育环节中的主体地位被剥夺，正常的教育活动根本无法开展。

1970年5月之后，中央工艺美院教师被下放到河北省农村从事农业劳动，并开展相关的改造活动。下放期间，正常的教学、创作和研究被搁置，有的教师甚至失去了人身自由，大家只能单独或者以临时性的组织方式开展业务学习，而其中政治性的学习也占据了相当的比例。1973年8月，根据李先念副总理的指示，工艺美院划归轻工业部直接领导，下放的教师开始陆续返回北京（图2-12）。但是复校之后的教学秩序并未回到正轨，教师被组织起来继续进行政治学习和改造锻炼。

在"文化大革命"期间，所有的学校都被要求"开门办学"、"与生产劳动相结合"、"以社会为工厂"。1975年，中央工艺美术学院开始招收工农兵学员。尽管汽车造型美术设计短训班的举办标志着专业教学的逐步恢复，但仍远未回归正轨。

在"文化大革命"时期，室内设计专业的设计实践活动也陷入了低谷，国家正常的建设基本停顿，设计和教学单位也都基本处于瘫痪状态。进入20世纪70年代以后随着对外政策的转变，中国与国外的交往开始逐渐增多。在经过了一段时期的停滞后，我国的外事类、体育类和交通类建筑首先得到发展，部分下放到地方的设计人员开始被抽调回北京参与建设。但由于受"极左"思想的影响，"政治挂帅、集体

图2-12 1973年8月，在石家庄劳动的师生返京复校

创作、领导决策、厉行节约"成为这一时期指导人们进行创作的基本方针。室内设计在"适用、经济和在可能条件下注意美观"的原则指导下，除重点厅堂采用较高的装修标准和特殊处理外，一般的室内空间只是做简单的装修处理，所使用的材料也都较为普通。从现有资料看，当时的建筑装饰美术系在"文化大革命"期间参与的主要设计实践项目只有四项（表2-3）。

表 2-3 "文化大革命"期间建筑装饰美术系承担的设计实践任务

时间	项目名称	设计者
1972 年	毛泽东专列车厢内部设计	潘昌侯、白山、胡文彦等
1973 年	北京饭店新楼（东侧）室内设计	奚小彭、张绮曼、温练昌、白山等
1974 年	北京国际俱乐部室内设计	何镇强、张德山等
1976 年	北京毛主席纪念堂建筑装饰、室内设计	奚小彭、张绮曼、何镇强等

参与这些实践项目的成员仍以"十大建筑"期间的骨干教师为主，在设计风格和组织形式上也沿用了已有的模式和经验。值得一提的是，1974年完成的北京饭店新楼室内设计在那段特定的历史时期还是取得了一定的突破，门厅轴线尽端的攒铜镏金工艺花格，尽管带有明显的时代痕迹，但其具有现代韵味的唐风花卉图案设计，体型饱满，线形舒展，与主体"我们的朋友遍天下"的金字红底版面相呼应，比例适中，成为那一时期传统与现代结合的经典之作。1978年11月，中国建筑工业出版社出版了《建筑设计资料集-3》，该设计作为"金属花格"应用的优秀范例被收录其中。①

另外，作为"文化大革命"开始以后、改革开放以前规模最大同时也是最重要的一次政治性的创作活动，毛主席纪念堂的建筑和室内设计虽然受到了很多"文化大革命"思想的制约，但是对于长期处于阶级斗争漩涡中的我国的建筑和室内设计工作者来讲，也仍然不失为一次发挥和展现设计水平的难得机会。

在"文化大革命"期间，建筑装饰美术系的学术研究也处于停滞状态。专业教师作为学术研究的骨干力量成了被批斗的对象，他们的大部分时间在劳动改造和政治学习，而教学和实践陷入低谷中也使得他们失去了汲取灵感的源泉。

---

① 此段评价参考了郑曙旸为《奚小彭文集》所作的前言《从建筑装饰到环境设计》一文。

中国室内设计教育的恢复与发展

3.1
新兴室内装饰行业推动下的专业教育

1976年，中国结束了历时十年之久的"文化大革命"。

1978年，中国共产党十一届三中全会在北京召开，全会作出了把全党工作的重点和全国人民的注意力从"以阶级斗争为纲"转移到社会主义现代化建设上来的战略决策。在教育领域，受到错误批评和不公待遇的一批知识分子得到平反，高等教育的体制和秩序在多个层次上都开始了恢复的过程。1982年，中共十二大召开，将教育视为实现社会主义现代化建设的根本环节和战略重点，教育的重要地位得到了政治决策层的认可和肯定。①

1985年，第一次全国教育工作会议召开并颁布了《中共中央关于教育体制改革的决定》，中国的高等教育体制改革全面启动。这个决定确立了教育必须为社会主义建设服务的指导思想，取代了教育为政治服务的方针，并反省了政治和政府在对教育的管理中存在越位和错位的问题，决定为高等教育"松绑"并扩大高等教育的自主权，改革教学内容、教学方法、教学制度，推进高等学校内部进行管理体制改革，建立"教学、科研、生产"相结合的联合体。这个决定还提出，高等教育应该培养热爱社会主义祖国和社会主义事业，具有科学精神和献身精神的"四有"人才。1987年5月，《中共中央关于改进和加强高等学校思想政治工作的决定》中，又进一步强化了思想政治方面的培养目标和要求。这个培养目标更加符合了高等教育的属性和规律以及社会主义现代化建设的需要，它与"文化大革命"和"文化大革命"之前的高等教育培养目标有显著的区别。

在改革开放的背景下，大力发展工艺美术和工艺美术教育的呼声也开始逐渐增大。1978年2月23日，《人民日报》刊发《大力发展工艺美术》一文，提出要进一步发展工艺美术生产，为此需要建立一支"又红又专"的队伍，并不断培养接班人。1979年8月9日，《人民日报》刊文《我国工艺美术生产大幅度增长》，指出粉碎"四人帮"后，工艺美术生产的总产值年增长17.3%，出口额每年增长26.6%，占

---

①十二大《全面开创社会主义现代化建设的新局面》将农业、能源和交通、教育和科学作为之后20年经济发展的战略重点。

轻工业出口换汇总值的30%，工艺美术的经济价值和经济地位得到了提升。随后召开的"全国工艺美术艺人创作设计人员代表大会"上，轻工业部提出了"以自己的笔头大胆创外汇"的生产口号，从经济价值的角度再次强调了发展工艺美术和培养人才的重要性。为推动工艺美术教育的恢复、改革和发展，1982年4月"全国高等美术院校工艺美术教学座谈会"在北京召开，就工艺美术教育教学进行研讨，对后期提高教学质量产生了积极的推动作用。

1984年10月，中国共产党十二届三中全会通过了《关于经济体制改革的决定》，商品经济开始兴起和发展。改革开放和商品经济一经实施，市场配置资源的巨大能量就初现端倪，室内设计发展的市场推动力量开始发力。1985年6月12日，《人民日报》刊文《富有活力的室内装饰业》，指出室内装饰业已经成为富有活力的新兴行业，宾馆的建设投资有50%用于装饰用品，而且一般住宅的室内装饰用品需求也随着人民生活水平的不断提高而增加，室内装饰行业前景广阔，加快发展中国的室内装饰业已经成为紧迫的课题。

3.1.1　全国范围内室内设计专业教育的兴起

"文化大革命"结束后，政治上的拨乱反正，经济方面刚刚开始的改革开放的步伐，教育体制改革的兴起和推进，以及市场力量的发育和壮大，这些因素一起构成了这一阶段室内设计教育发展的政治背景、制度背景和经济背景。值得注意的是，随着中国逐渐打开国门，国外的观念和文化也走进了中国，社会文化也日渐丰富起来。这种变化使得社会文化意识形态已不再局限于"民族特色"的价值取向，与此同时，中国开始主动面对外来文化的冲击和竞争。在这样的背景下，国内的设计院校的室内设计教育理念在社会文化层面开始走向多元化。

1977年中央工艺美术学院在国内率先成立了工业美术系，室内设计也被纳入了"工业美术"的范畴，成了其中的一个专业。由于缺乏对社会实际情况的准确判断，在具体的实践中人们逐步发现，当时中国社会所处的时代与西方发达国家的工业设计模式还存在着相当大的差距。1984年，室内设计专业又重新恢复为独立的专业并正式更名为室内设计系。

除中央工艺美术学院之外，全国各地美术院校陆续创立了专门从事室内设计教育的相关专业。1984年4月，浙江美术学院（现中国美术学院）设立室内设计专业，同年更名为环境及室内设计专业。从1985年起，该专业由3年制大专班变为4年制的本科班，1989年更名为环境艺术系。虽然与中央工艺美术学院一样同属于美术院校，但由于创办专业的教师背景来自于建筑院校，因此浙江美术学院的环境艺术专业在诞生时就带有较为鲜明的建筑学色彩，专业的创办是希望在艺术院校的土壤中以老牌建筑院校的办学经验来培养优秀设计人才，教学计划中也显示了专业跨越了艺术与理工专业界限的特性。①

1986年，广州美术学院在集美设计公司的基础上成立了环境艺术专业；同年，西安美术学院、鲁迅美术学院相继成立环境艺术设计专业；湖北美术学院在1987年成立环境艺术设计专业；吉林艺术学院在1983年设立室内装饰专业，1988年改为环境艺术专业。

从20世纪80年代中期开始，各美术院校的室内设计教育大多包含在环境艺术或环境艺术设计专业当中。1987年12月21日，国家教委印发《普通高等学校社会科学本科专业目录》，历时五年的第二次学科目录修订工作告一段落。新颁布的学科目录中，建筑装饰美术更名为环境艺术设计。在学科专业目录调整之后，中央工艺美术学院也于1988年5月24日将室内设计系正式更名为环境艺术系，下设室内设计、景观设计和家具设计三个专业，课程重点从室内设计向外部环境设计扩展，从过去重视

①邵健．环境艺术的通境之路——中国美术学院环境艺术设计专业教育访谈录[J]．世界建筑导报，2006（12）：6．

图案、装饰和设计表现转向注重培养学生的环境意识和设计思维创造能力。

除了上述具有代表性的美术学院外，国内一些综合类院校和建筑院校也开始陆续成立室内设计或环境艺术专业。1984年，同济大学在"洪堡基金会"的资助下，派遣了30人的团队赴当时的联邦德国学习室内设计，为成立室内设计专业作准备。同年，同济大学建筑系成立了上海同济室内设计工程有限公司，来增祥和王英奎担任首任经理，与此同时开始积极筹备成立室内设计专业。1986年，经教育部和建设部批准，同济大学建筑系正式设立"室内设计"专业，并于1987年开始招收本科学生；无锡轻工学院（现江南大学）于1985年在"造型设计专业"和"包装设计专业"的基础上，创建了"室内设计专业"；南京林业大学（原名南京林学院）于1987年创办家具设计与制造专业，后改名为家具与室内设计专业。

3.1.2 专业教学：厚基础、重实践与专业思维训练

1982年，在中央工艺美院举办的"全国高等美术院校工艺美术教学座谈会"上，工艺美术教育的培养目标和培养方式成为了与会者讨论的焦点。培养怎样的人才，如何设定培养模式，技艺传授和能力培养的比重，基础课程和专业课程的衔接，教学和实践的分配与关系等问题都成为工艺美术的教育工作者和管理者热烈讨论的问题。令人欣喜的是，这次会议明确提出了过去以师傅带徒弟方式继承传统技艺，多重视技法训练，少深入全面研究，未形成完整系统的设计理论和教育体系。[1]会议中提出，工艺美术高级的专门人才应该具备全面的修养，较强的设计能力、理论水平和研究能力，并且应该具有丰富的知识储备和足够的发展潜力，这些目标需要通过改进教学、提高教学质量去努力达到。这个关于培养什么人的讨论已经较过去有了较大的进步，但是在具体如何实现这样的培养目标上还是体现出过往工艺美术教育

---

[1]参见1982年全国高等美术院校工艺美术教学座谈会会议纪要。

很强的传统，即以专业实践、技能训练辅以其他知识的启发。

全国高等美术院校工艺美术教学座谈会的讨论内容，成为了20世纪80年代工艺美术教育的主要指导思想，也成为之后工艺美术教育课程改革的方向。1983年，《中央工艺美术学院改革汇报提纲》将学院的办学总方针明确为"发展现代化的高等工艺美术教育，为生产服务，为美化人民的生活服务，为社会主义现代化服务"，强调"加强基础、增强能力、拓宽专业、突出特色"。这个指导方针也成为室内设计系复系之后课程体系改革和完善的原则，室内设计的专业教学开始注重学生整体思维的培养，知识构架的形成和艺术修养的熏陶。另外，室内设计的专业教学中也相继出现了一些新的观念，最为重要的就是环境艺术设计的理念开始体现在教学的思路中，这也开启了后来教学目标和培养方案的进一步发展与转型。

1980年，《装饰》杂志第3期的中央工艺美术学院室内设计专业作品选登中附载了室内设计专业的培养目标："中央工艺美术学院工业美术系室内设计专业，主要培养具有系统理论知识、专业设计技能和全面艺术修养的环境艺术综合设计人才、科研与教学人才"。课程包括绘画基础（速写、专业设计表现技法）、建筑基础、制图基础、图案基础、造型基础以及专业设计（公共及民用建设室内综合设计、展览设计）等。基础课强调与专业结合，努力创建适合本专业的基础教学体系。专业设计课强调理论联系实际，设计结合生产，把课堂教学与社会任务有计划地给合起来，给学生创造艺术实践的条件和机会。毕业生分布在全国各省市建筑设计、生产企业和艺术院校等单位，主要从事建筑、室内装饰、车船造型与内饰、庭院绿化、展览布置、家具、灯具、家用电器等设计、科研和教学工作。

"三大构成"的引入

20世纪80年代，将平面构成、色彩构成和立体构成作为基础课成为室内设计教学体系发生重大转变的标志之一，其意义在于突破了传统绘画作为艺术设计基础课的局限。因此，三大构成课出现在室内设计的专业课程中，不单单是一个课程体系的改变，更重要的意义在于一种观念的发展，室内设计课程教学中开始注重设计原理和设计方法，中国的室内设计教育在改革开放之后开始从西方先进的设计理念和教学模式中汲取营养，并为走向现代设计做出尝试。1982年，辛华泉老师在全国高等院校工艺美术教学座谈会上，曾就构成课程提出过课程设置的初步意见，包括构成课的目标、分类，课程设置的目的和步骤（图3-1）。这个会议就构成课程展开了热烈的讨论，争论的焦点在于构成和图案哪个才是设计的专业基础。构成侧重于思维方法的训练，而图案侧重于造型能力的训练，辛华泉将构成方法和传统的构成意识融合到一起，在当时是国内构成教育理念的一种突破[1]。

与此同时，同济大学开设了《工业设计史》、《设计概论》、《人体工学》、《三大构成》等一系列课程，以全新的观念进行基础设计和专业设计的教学，注意培养学生的创造性思维能力和动手能力。

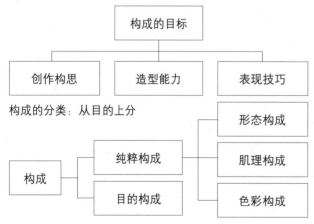

图3-1 辛华泉在高等院校工艺美术教学座谈会上提出的构成的目标和分类 [2]

---

①参见杨永善访谈记录，2011。
②根据辛华泉在1982年全国高等院校工艺美术教学座谈会上的发言稿整理。

课程体系的改革

改革开放之后，在教学改革的大背景下，全国各院校的室内设计专业也开始着手进行课程体系的改革，以适应和满足教学目标的要求。以中央工艺美术学院为例，在培养的学制上，由原来的五年制改为了四年制。在这一阶段，室内设计专业课程体系基本还是沿用了原来的建构框架，课程分为公共课、基础课和专业课，专业课中又包括专业基础课和设计课，其中低年级的学生以学习基础课为主，高年级则以学习专业课为主。在课程体系的配置中，基础课还是占据了较大的比例，对基础训练、技法训练的强调与重视仍然是这个阶段较为突出的特点。在中央工艺美术学院1982学年至1983学年大一学期的课表中可以看到，基础课所占总学时的比例为2/5，专业基础课所占学时的比例为1/5，公共课所占的比例为2/5（表3-1）。

表 3-1 中央工艺美院室内设计专业教学进程计划（1982 年）

课程类别	课程名称	课时	第一学年		第二学年		第三学年		第四学年	
			上	下	上	下	上	下	上	下
共同课	政治课：中国共产党党史、哲学、政治经济学、形式教育、品德教育 文艺史论课：中国工艺美术史、中外美术史、工艺美术概论、工艺美学、设计心理学 文化课：语文、外语、体育									
基础课	速写	112	64	48						
	素描	160	64	48						
	水粉	242	64	64	48					
	图案	380	128	96	96	60				
专业基础	制图与透视	232	80	80	72					
	专业绘画	176		64	32	80				
	灯具设计基础	64			64					
	家具设计基础	80				80				
	建筑设计基础	260				120	140			
	装饰织物基础	40				40				
专业设计课	室内设计	800					180	220	400	
	毕业设计与论文	374								374
专业理论	建筑艺术导引	116	40	40	36					
	室内设计原理	34				34				
选修课	艺术修养	98					36	22	40	
生产实习	外地实习	352			44	66	44	132	66	
	与生产制作									

"走出去"与"请进来"

改革开放之后，教学秩序重建，课程体系可以延续过去并依靠身经百战的元老们开拓，但师资力量的建立与结构性优化则是要花费巨大时间、精力和成本的工程。各院校所面临的最大问题就是师资的青黄不接，师资力量严重短缺且知识体系落后，这个结构性难题使得室内设计专业不得不继续采取"因师设教"的方式组织教学，而不能完全自上而下地理顺教学体系。这个问题，师生们都已经感到解决它的必要性与紧迫性。1984年9月25日，中央工艺美术学院室内设计系的系主任张世礼和副系主任何镇强向学院领导写了一封信，陈述室内设计系师资面临的困难：专业教师15人，平均年龄49.5岁，只有5人暂无疾病；知识体系无法满足时代要求。年龄老和知识老的"两老"问题，使得室内设计系感觉到了发展的压力。室内设计专业的学生也对当时"因师设教"的问题提出了意见，认为课程体系缺乏系统性。

因为"因师设教"阻碍着室内设计专业的可持续发展，全国各院校的室内设计专业加快了师资的培养进程，主要的方式就是采用加强国际交流和组织设计实践的方式，迅速让年轻教师开拓视野、完善知识、提高能力。在加强国际交流方面，院校普遍采取了"走出去"和"引进来"两条腿走路的方式。"走出去"就是主动出击，一个措施就是直接派年轻教师到国外留学或进修，如中央工艺美术学院在1981年至1987年期间分别派遣青年教师前往德国斯图加特大学、日本筑波大学、日本东京艺术大学、美国纽约室内设计学院学习以及进修，这些青年教师归国后也分别成为了工业设计专业和室内设计专业的骨干力量；又如同济大学，在1984年派遣了由教师、学生以及技术工人组成的30人团队赴当时的联邦德国学习室内设计，为成立室内设计专业做准备。[1]另一个措施就是组织境外专业考察，例如：中央工艺美术学院1983年组织专业教师访问联邦德国，1985年3月赴中国香港进行专业考察，通过集中式的访问调研开拓视野。

---

[1]陈易，左琰. 同济大学室内设计教育的回顾与展望[J]. 时代建筑，2012（03）：38.

"引进来"就是将境外的教育专家和设计师请进学院授课和讲座，这期间对室内设计专业影响最大的就是1985年日本室内设计专家樋口治率领"日本室内设计文化交流团"到中央工艺美术学院讲学两个月，这是新时期中国室内设计教育界"请进来"的第一个专业学术交流活动，意义重大。另外，越来越多的国际学术交流性质的讲座、报告也逐渐在全国各院校举办，为室内设计专业带来国际化的视野和观念。

组织设计实践也是加强师资建设的一条路径，这也是在参与"十大建筑"期间获益经验的一种延续。"十大建筑"的建设有一定的时代偶然性，改革开放之后，为了能够获取更多设计实践的机遇，室内设计专业的实践变得更为主动，以期巩固和加强年轻师资的实践能力和业务水平。

"言传身教"式的传统教学模式

教学是一个师生互动的过程，而师生互动不仅局限于课堂上老师的讲授、演示和回答，学生的聆听、模仿和提问，还包括师生之间课堂之外全方位的信息互动、知识互动和情感互动。像中央工艺美院这样的传统院校，在室内设计的发展过程中，特别是在参加"十大建筑"的过程中，师生之间边实践、边教学、边生产，形成了一种良好的、不仅限于课堂的师生交流学习氛围，这也使得老一辈室内设计教师产生了一种教学情结，在教学过程中非常注重与学生的互动，这也为"新三届"[1]学生专业水平的提高带来了很大的促进（图3-2）。

在室内设计课程的实际教学过程中，出现了一个以往教学中从未有过的问题，这个问题有不同的说法，或叫"翻画报"，或叫"抄资料"，意思是学生在完成习作、进行创作的过程中"从外国杂志及有关书籍上照抄照搬"。[2]该问题说明了这个阶段

---

[1]新三届：指"文化大革命"后恢复高考后的三届大学生。
[2]庞薰琹在1982年全国高等院校工艺美术教学座谈会上提出这个问题来，指出"现在搞设计创作的时候，学生往往从外国杂志及有关书籍上照抄照搬，此风一定要纠正，这对于学习专业设计，一点好处都没有"。

图3-2 1982年，庞薰琹、张仃、祝大年、常沙娜等一起接待美国哥伦比亚大学图书馆馆长

学生在学习和习作的过程中已经表现出了思维能力训练方面的欠缺，学生开始用简单照搬或模仿的方式代替思考的过程，而把更多的时间和精力用在绘图的过程中。

室内设计的教学过程中，推动教师参加设计实践并借此提高教师的教学能力成为了一种迅速提升师资水平的有效方式。设计实践给教师带来的不仅是知识体系的巩固和设计能力的提升，其对于教学的反哺作用在于为室内设计相关课程的教学过程带来了丰富的素材，实践是产生和补充教学内容的重要源头，这在当时整体信息和资料获取途径有限的社会条件下，对于提高教学质量的意义非常大。

从20世纪80年代的教学过程中还可以发现，教师对各方面资源掌握的程度要远胜于学生。这种资源优势，一方面是因为在当时的条件下，只有教师才可以参与更多的设计实践，而学生参与的机会则要少得多；另一方面是因为真正的信息时代到来之前，信息的结构仍然是金字塔式，学生获取专业知识和信息的源头比较稀少，而教师则相对要多得多。这样，在教学中知识信息的传导以单向性为主，这是与师生信息资源优势几乎拉平的信息时代所不同的一个特点。

实际教学过程中的实践来源、内容、形式和目的也与改革开放之前的教学实践产生了比较大的变化。改革开放之后，随着教育体制改革的推进，学校的办学自主性获得了提高，教学活动得以按照教育规律的客观要求来开展，表现出来的改观就是实践的安排，教学和实践有了相对明晰的划分。低年级的学生主要以课堂教学为主，配合的实践内容也是以辅助教学目的为主的自主性实践活动，二者可以紧密结合，并以实践来促进教学目的的达成，主要培养的是学生的动手能力。到高年级，包括学生的毕业设计，其实践内容则更多地与现实需求和工程项目相结合，从解决实际问题的角度来提升学生的设计能力。这种模式也在教学过程中逐渐定型下来，一直延续到现在。

3.1.3 设计实践：从政治主导迈向国际化、市场化环境

伴随着改革开放，中国的建筑市场从早期的以政府项目为主转变为以商业项目为主的市场化。随之，室内设计作为一门独立专业逐渐从传统的建筑设计院分离出来。传统建筑设计院下属的室内设计所，独立的室内设计事务所，装饰行业建设单位的设计部门应运而生，成为构成国内设计市场的重要组成部分。然而，由于改革开放刚刚开始，无论是国家整体教育水平，还是对外获取信息资讯的途径的闭塞，都造成了人才紧缺的现象。另一方面，由于室内设计从建筑设计逐渐分离出来以后，对于室内设计的专业性和技术性的培养尚未形成完整成熟的行业规范。在这一时期的主要问题就在于快速发展的国家建设所需的设计人才与中国设计教育规模和水平的不足之间的矛盾。由此，当时国内几所从事室内设计教学的高校的专业人才集中的

优势开始显现，他们利用学院自身的师资力量和对于设计资讯获取的渠道优势，以及学院在教学中对设计理念的研究成果，发展出结合教学的"产、学、研"结合的模式，并与专业的设计机构一同在市场中竞争，取得了丰富的设计成果。例如，中央工艺美术学院环境艺术研究设计所与广州美术学院集美设计工程公司就是当时非常具有代表性的"产、学、研结合"的市场化运营模式。

中央工艺美术学院由于学院的办学历史与师资优势，在这一时期的设计实践方面取得了丰硕的成果。1979年，中央工艺美术学院承接了首都机场航站楼室内设计的整体工作，这也是为新中国成立30周年献礼的工程。时任院长张仃担任了壁画设计的总设计师，奚小彭带队承担了室内装饰总体设计和家具屏风等陈设设计。这次设计实践在国家政策决策层和文艺界都产生了重要的影响，在刚刚经历了"文化大革命"的束缚和扭曲后，这组以壁画为主要表现手段的设计作品成为了思想解放的时代主题的注解，而由于全院的骨干力量，特别是一些著名画家和工艺美术家的倾心参与和付出，也使得这些壁画作品具有很高的艺术价值，可谓是兼具政治和艺术的双重意义。一股壁画创作的风潮自此形成，对整个中国室内设计风格的形成与发展都产生了巨大的影响。承担首都机场的室内设计工作与其20年前的承接"十大工程"的国家建设项目在实践内容的属性上颇有相似之处，前后相隔20年的国家项目都具有鲜明的时代特色和政治意义。尽管首都机场与"十大建筑"直接相比较，政治色彩的意味要平淡许多，但是在当时改革开放的时代背景下，首都机场作为中国走向世界的国门，其政治象征意义是十分显著的。[①]

1983年，中国的室内设计第一次走出国门，中央工艺美术学院室内设计系承接了外交部委托的中国驻联邦德国大使馆的室内设计任务。中国驻联邦德国大使馆是中国驻外使馆中第一座自主进行室内设计的项目，该项目的顺利完成使得中央工艺美院设计水平得到了外交部的高度认可，以此为契机，室内设计专业的教师又应邀参加

①1979年多位国家领导人曾参观壁画，《人民日报》在当年也有七篇新闻报道或通讯提及首都机场的壁画创作，并给予极高的评价。

了中国驻英国等使领馆的室内设计工作。通过这些驻外机构的设计工作，室内设计系的教师既得到了设计实践的锻炼，又在国外开拓了眼界。除了上述几个比较有代表性的设计实践外，中央工艺美术学院室内设计专业的师生也承担了其他诸多重大的设计实践项目，但基本上都可以归到以下几个类型之中，即公共建筑的厅堂设计，包括机场、博物馆等；驻外使领馆为代表的政府驻外项目，包括驻联邦德国、英国、比利时使领馆；以及以酒店为代表的商业项目，如中国大饭店等。而与以往不同的是，酒店的室内设计开始逐渐成为了设计实践的最重要组成，在比例上已经占据了很大比重，这个设计主题和内容的转向正是20世纪80年代中国经济快速发展带来的商业建筑兴起的一个缩影和写照，以学院为主体的室内设计实践步入商品经济的时代。

在设计实践的开展、组织和管理中，以教学行政体系的运作模式作为设计实践的运作机制，参与设计实践的角色仍是教师、学生，他们之间的工作分工和从属关系也依从于教师之间和师生之间的专业协商和分工。而公司经营式的组织模式，则是按照市场中公司的治理结构和管理方式来组织和安排设计实践的活动，参与设计实践的角色就成为了经理、设计师。以中央工艺美院为例，在以往承接各项政治任务时，采取的基本组织方式是教学行政式组织模式，而在市场化的条件下，通过产、学、研一体化的教学体制改革，中央工艺美术学院室内设计系的专业实践逐步由教学行政式转向教学行政与公司经营式的组合模式，成立了中央工艺美术学院环境艺术设计中心和环境艺术研究设计所，使得20世纪90年代中央工艺美术学院的设计实践呈现出教学行政式的组织形式和公司经营式的组织形式的结合，应该说这是适应市场化经济条件的一种思路转变的表现。例如，1985年中央工艺美术学院承接的中国大饭店室内设计就是按照这种结合的形式开展设计工作的，既有教学设计实践的特点，也有公司经营的特征。

这些实践的意义在于将室内设计专业教学以一种市场参与者的身份正式在中国室内设计行业中亮相，将设计实践的选择权更大更多地掌握在了自己的手中，开始真正认识和创造室内设计的市场价值，并将设计的目光转向日益兴起的商业建筑，这种观念的突破在改革开放初期是难能可贵的。

3.1.4 学术研究：系统性、整体性学术理论的孕育

改革开放之初近十年的时间里，室内设计教育者们开始不约而同地对工艺美术和室内设计的专业发展历程进行理论和哲学意义的思考，并就室内设计未来的定位和发展提出了许多真知灼见。作为当时设计院校代表之一的中央工艺美术学院，责无旁贷担负起学术研究的开拓和引领工作。

对之于工艺美术，几位历经沧桑的中央工艺美院的创建者和奠基者都深感过去"装饰"含义的局限性，虽然他们在装饰含义的具体内涵理解上不同，但对于从装饰向设计的发展却具有高度的共识。

1981年，庞薰琹在担任中央工艺美术学院副院长之后，对室内设计专业的发展提出了自己的认识，明确指出了室内设计的系统性和整体性："室内装饰现在一天一天走上整体设计这条路。所谓整体设计就包括建筑装饰，它是建筑本身的一部分。此外，就是家具和灯具。现在趋向整体设计就包括了地毯或地面、沙发的型式和色彩、窗帘装饰布，甚至包括寝具、茶具、餐具等，要求风格上的一致、色彩上的和谐。"[1]

1982 年在全国高等美术院校工艺美术教育座谈会上，郑可强调要从"装饰"向"设计"转变，并要在课程中体现材料、工艺、科学的知识，尤其工业美术设计的基础课更不能继续开展单一的写生与图案训练。"我们现在有什么理由要把工艺美术和

---

[1] 引自《公共建筑室内装修设计》讲稿，该讲稿收录在《奚小彭文稿》的讲稿篇中，该文稿尚未出版。

工业生产分立而附属于纯美术呢？工业美术设计本身就是物质机能、使用功能的设计，也是美学原则在设计中的自觉运用，不存在什么装饰的问题，我历来是反对装饰的，所谓装饰就是别人已经完成了设计，你去给它打扮打扮而已，这种打扮不是设计的实质……因此教学的目的不能只教会学生怎样去装饰各种产品，而是自觉运用设计的手段去达到某种功能。"①

1982年，奚小彭在《公共建筑室内装修设计》课程上也提出长期以来人们对"装饰"概念存在理解上的偏差，"装饰"不是简单的涂脂抹粉的工作，而室内装饰业不是锦上添花、可有可无，而是一个综合的设计："1957年，建系之初，这个系叫做室内装饰系，这是20世纪20年代从西方引进的名词。由于西方现代建筑的发展，人们把装饰理解成了建筑上的附加物。在中国，也有人认为装饰只是锦上添花，可有可无。甚至在我们的建筑界，到目前为止，还有人持这种观点。……后来经过大家的努力争取，总算在工业美术这个系之下，恢复了室内设计这个专业。室内设计这个名称较之室内装饰、建筑装饰，我认为是进了一步，也比较名副其实。因为我们这个专业，不仅是给建筑锦上添花、搞搞表面装饰，而是建筑物必不可少的有机组成部分"。②

1983年3月，中国建筑学会与城乡建设环境保护部设计局联合举办的全国建筑室内设计经验交流会上，罗无逸提出要借助系统论的观点推动室内设计的开展："由于室内环境设计涉及社会学、民俗学、生理学、心理学、人体工学、构造学、材料学、声学、热工学、光学与照明工程、经济学、市场学、设计美学等领域，如果仍然沿用"室内装饰"这一观念，局限于一种表面美化的手段，已经不能满足现代社会生活多方面的需求。……对于这样一项涉及多学科、多内容的综合性设计，最好是采用"系统论"的观点去推动它的开展，才能求得最优先的整体设计方案。"③

---

① 参见1982 年全国高等美术院校工艺美术教育座谈会上郑可的讲话。
② 引自《公共建筑室内装修设计》讲稿，该讲稿收录在《奚小彭文稿》的讲稿篇中，该文稿尚未出版。
③ 参见罗无逸在全国建筑室内设计经验交流会上的讲话。

1984年，潘昌侯也在《世界建筑》撰文《激荡的室内设计思潮》，提出工业社会的发展会给室内设计创造出充分的自由，因而这个学科会纳入到环境设计的总和之中。庞薰琹、郑可、奚小彭和潘昌侯虽然对"装饰"一词的理解不尽相同，但是他们都认同工艺美术不能只是搞搞表面工作，而应该向整体性和系统性的"设计"发展，要实现一定的功能并能满足人们日常生活的需要。这些理论思索有的并未正式发表和出版，但是这些观点已经逐渐走向体系化，应该说是室内设计学科恢复期的最重要的理论建树，为室内设计未来该如何建设和发展指明了方向。

在20世纪80年代，学术研究在国内的设计教育体系中尚未得到充分的重视，严格意义上讲，这个阶段国内院校还没有建立起系统的学术研究的机制，所以学术研究的开展主要在于教师个人的自主性和现实工作的需要。这一时期，资历和经验更为丰富的老一代室内设计教育者，更多地关注了室内设计教育甚至是整个工艺美术教育的理论问题和哲学问题，这是他们长期历练和思索所积累而成的学科认识。对于年轻一辈的室内设计教育者来说，教育的教学活动和实践的操作活动是他们灵感的主要来源，所以他们的学术探讨也多为教学和实践的感悟和总结。

随着开放程度的扩大，国外有关建筑和室内设计方面的原版书籍与期刊开始陆续被引进到国内。1981年由意大利设计大师Gio Ponti在1928年创刊的《Domus》杂志开始登陆中国，1996年它的中文版开始在国内发行。同时，美国的《Interior Design》和日本的《新建筑》、《商店建筑》等刊物都成为我国室内设计师了解国外最新设计动态的重要窗口。

20世纪90年代，伴随着中国经济的蓬勃发展，建筑的数量和类型也逐渐增多，室内设计专业开始步入了商品化、国际化发展的新时期。1992年10月，中国共产党第十四次全国代表大会在北京召开，这次会议对于"建设有中国特色社会主义理论"做出了全新的概括，确定了"社会主义市场经济"的经济改革目标模式。在市场经济条件下，以市场为导向、消费者为主体的设计理念逐步被设计师们所接受。国营的设计院所逐渐摆脱了一成不变的国有化运作模式，开始融入到激烈的市场竞争中，高等院校的相关院系也纷纷成立科研性的经济实体来进行市场化的运作。继旅游建筑之后，商业类、办公类建筑成为建设重点，国外设计机构纷纷在国内设立分支机构，中外合作的设计机制得到进一步的加强。

3.2.1 室内装饰行业的生成与市场化的时代特征

20世纪末的最后一个十年，"改革"成为了时代的主题词，对于室内设计行业和室内设计教育而言，这个阶段社会环境的变化显得尤为眼花缭乱。首先，经过了十余年的调整、改革和发展，中国的商品经济已经初具规模，从国民总收入来看1988年比1978年翻了4倍，而1999年则比1988年翻了近6倍、比1978年翻了近24倍，经济总量已经十分可观。

经济发展速度的加快，使人民生活水平得到了明显的提高，人们对居住环境的质量也提出了更高的要求，室内设计开始走进普通家庭，从20世纪90年代中期开始，全国掀起了城乡住宅的装饰热。至1999年，"全国装饰工程总产值超过5000亿元（图3-3）。"①

---

① 参见建设部，《1999我国建筑装饰行业的发展与立法》，1999。

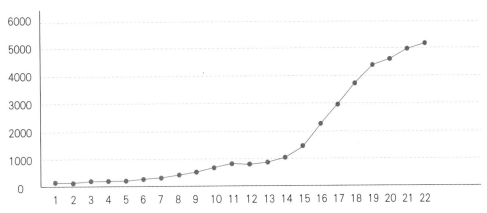

图3-3 1979年至1999年建筑业年度增加值（亿元）

除了行业形势一片大好外，室内设计的专业化程度也在不断增强，室内设计和室内装饰的行业协会、资质认证协会陆续成立，如1988年中国室内装饰协会成立，1992年全国室内装饰资质评审委员会成立，它标志着整个行业从业行为开始朝着规模化和规范化的方向发展，以及室内设计的市场化在逐步加深。对于室内设计专业来说，市场化的另一个重要指标就是公众对于环境艺术设计（或简称环艺）概念的认同与普及。在1987年12月颁布的《普通高等学校社会科学本科专业目录》中，环境艺术设计成为了艺术学的一个专业方向，此后，环境艺术设计专业在中国大地上可谓遍地开花，室内设计的教学单位、设计单位和从业人员的大幅增加。至1994年4月，全国设置或于1993~1994年度经国家教育委员会正式批准和同意备案的环境艺术设计专业的院校已达16所，覆盖了全国八大美院中的7所。[①]

室内设计教育面临的第二个浪潮是国际化。国际化浪潮裹挟着商品的国际化、观念的国际化、人才的国际化，这些无不推动着设计的国际化、设计观念的国际化和设计教育的国际化。例如，20世纪90年代以来，中央工艺美术学院分别与国外的多所艺术设计类院校举行校级作品联展，并与日本东京艺术大学、多摩美术大学、法国高等装饰艺术学院、美国麻省艺术学院等学校建立了国际间的校际友好关系。国际

①林广思. 环境设计教育回顾与展望[J]. 高等建筑教育，2014.

化为室内设计专业的发展带来的是更开放的视野和更多元的选择。

信息化浪潮的涌动是这个时代的另一大特征，而设计教育和设计实践也不可避免地卷入了这场革命中。计算机技术在室内设计中的应用，带来的不只是技术手段的更新，它对高等教育和室内设计思维模式和流程的影响意义要甚于它作为一种工具的价值。互联网的应用和普及所带来的信息爆炸，使得过去信息资源的金字塔式的结构开始被打破，以往教师在占有信息方面的优势已经越来越小，甚至被逆转，如何在这种情形下重建教学的秩序和模式成为了室内设计教育工作者面临的一大挑战。

3.2.2　专业教学：多元化的室内设计教学模式

在以消费文化为主导的商业社会，室内设计所服务的主要对象以及其自身属性决定了它与市场经济的密切联系。在中国，室内设计教育与市场经济间相互影响的动态发展特点，始终贯穿于每一个特定的时代。而室内设计的教学模式也反映出中国装饰行业不同的时代特征。随着改革开放的深入，大量的公共建筑开始兴建，主要以大型商场、酒店、写字楼为主。消费文化开始进入社会大众意识领域，在建筑装饰行业中，对于室内设计的定位也发生了本质的变化。室内设计所关注的问题由过去的内部空间的相对单纯的美学意义转向对于建筑与室内的相互关系，室内空间审美与消费文化的交互，室内空间如何适应新时代复杂的功能多样性，室内空间如何解决传统文化与外来文化的冲突等超越设计技巧的更广泛的领域。而大众审美也发生了变化，从早期的传统装饰到20世纪90年代初后现代主义的流行，再到20世纪末的极简主义对国人的影响，整个社会对于设计风格与类型的追求也愈加多样化。

1990年代是中国经济的快速发展期，以及设计市场从形成到成熟的阶段。在这一阶段，学院教学与经济发展带来的市场需求变化之间的互动非常活跃。各个院校都在根据改革实践所产生的市场需求来调整自身的专业教育体系。到20世纪90年代中期，国内从事室内设计教育的院校类型主要有：独立艺术院校，如中央工艺美术学院、中央美术学院、浙江美术学院（现中国美术学院）、广州美术学院、鲁迅美术学院、湖北美术学院等；综合类大学，如江南大学、南京林业大学等；建筑背景院校，如同济大学、重庆建筑大学等。截止 1999 年，全国开设室内设计专业的高等院校已达400多家，每年培养现代设计艺术人才约3万人。[①]

相比20世纪80年代，国内院校这一时期的室内设计教学虽然主要课程设置上还在延续之前的教学模式，但在具体课程的设计和目标定位上不同的学校开始针对自身特点，进行了不同形式的改革与新的尝试。基础教育课程越来越受到重视，通过改进原有的绘画造型课程训练模式，结合三大构成重点培养学生对设计的认知，并成为训练空间思维的重要手段。在专业课程的设置上，虽依然以类型设计为主线，但在课程设计上，更加强调概念、形式、功能、技术的完整性。在辅助课程的设置上，根据行业发展所出现的新的知识与技能需求，及时补充到教学中，形成教学与市场需求的互补性。

1990年代中央工艺美术学院的室内设计教学特点

中央工艺美术学院作为当时国内最具代表性的室内设计教学单位，无论是师资力量，或是教学硬件与规模，在当时的设计院校都占据着领先的地位。

1991年，根据国家教育改革和发展的总体布局，中央工艺美术学院在学院的"七五"规划的基础上，制定了《"八五"发展计划纲要》，它也成为了中央工艺美术学院在20世纪90年代开展高等教育工作的一本指南。学院的总体办学方针是：

> "争取五年内办成既是工艺美术教育中心，又是科学研究的中心，具有良好校
>
> 风和学风的国家重点工艺美术高等学校。在现有的条件下，力争健全并落实我

①谷彦彬. 国内外现代设计教育的启示[J]. 内蒙古师范大学学报，2001（03）：63.

院的科研机构……在继承和发扬民族工艺美术传统的基础上，适应现代工业、现代科学技术、现代生活方式、现代审美心理的发展，从四化建设对人才的需要出发，培养出更多高水平的热爱祖国，能成为社会主义事业的建设者和接班人的工艺美术人才。要努力拓宽和合理调整专业结构，逐步建立综合性的各类学科，并发挥其各自特点和优势，积极进行办学形式的改革，做到'教产结合'，实现教学、科研、生产一体化。"[①]

中央工艺美术学院"八五"期间总体办学方针在内容上与以往相比增加了诸多亮点。总体方针中第一次提出要把学院办成一个"科学研究中心"，并要建立和健全学院的科研机构，这是在原来培养专门人才的单一定位上做出的突破。另外，学院的总体方针也明确提出了要在原来民族工艺美术传统的基础上适应现代的各种要求，这是对工艺美院真正走向现代设计所做的重要的方向性铺垫，具有较为重大的意义。

在学院发展的总体方针和深化改革的具体任务方面，"实践"继续得到重视和强调，一方面这是当时教学体制改革总体方针的体现，另一方面，实践在工艺美院的发展中本身就具有很浓厚的传统。因而，在深化教育改革的部署中，虽然指出中心任务是教学，但紧接着就提出要"结合社会任务"、"开展创作设计和科学研究"，并要"教育和生产劳动结合"。在教学的规范化要求中，对实践的着墨也要浓于教学，如提出"教产结合"、"厂校挂钩"、"建立教学实践实习基地"等。实践对于工艺美术的重要性不言而喻，但在教学方针中的对实践过多强调，甚至将其作为实施教学改革的主要途径，这对开展系统性的环境艺术设计教育、平衡教学与实践的关系是有不利影响的。

1992年中央工艺美术学院《关于修订高等工艺美术学科（本科）专业目录的具体建议》中，提出了环境艺术设计的教学目标、业务要求和主要课程。

---

① 该资料来源于中央工艺美术学院《1991-1995年发展计划纲要》。

培养目标：培养能在企事业部门、学校、科研单位从事环境艺术的总体规划设计、室内外设计、园林设计以及教学与研究工作的德才兼备的高级专门人才。

业务要求：学生应掌握马克思主义的基本原理；熟悉我国关于环境艺术的方针、政策和法规；了解中外建筑环境艺术的空间、设施和规划设计的基本理论和技术；掌握本专业相关学科的基本知识（力学、材料学、经济学等）；了解本专业的新成就、新发展；有较高的文化修养、较强的设计能力和初步的科研能力；在掌握外语工具方面，应具有较强的阅读本专业书刊的能力、一定的听的能力、初步的写和说的能力。

主要专业课程：中外环境艺术风格史、建筑原理、环境材料工艺学、环境艺术概论、工程概算、测绘与制图、环境艺术规划与设计、室内设计、家具设计、园林设计、空间构成论、产品设计等。

结合教学，组织学生参加社会调查，业务实习等实践活动。[1]

这个培养方案在培养目标上已经与原来的培养方案有了较大的不同，一是体现了对"设计"的强调，对具体工艺和实际制作的要求已经弱化了；二是提出培养可以从事教学与研究工作的人才，这就需要环境艺术设计专业教学更要注重综合能力的培养而不仅仅是专业技能的训练。这两点变化反映出了室内设计教育在人才培养方面的观念进步。在"业务要求"方面，也可以看到这个培养方案可喜的变化：第一，要求学生熟悉关于环境艺术的方针、政策和法规，这对于学生规范从业是非常必要的；第二，要求学生掌握与本专业相关的专业知识，这符合环境艺术设计这门学科综合性的要求；第三，对学生的外语能力进行了明确的要求，这也非常符合学科发展的国际化趋势的需要。总体来看，这份提交至轻工业部教育司和文化部教育司的学科专业目录具体建议进步显著，既体现了学科本身的特征，又反映了社会实际的需要，从观念上和体系设计上为开展符合现代设计理念的环境艺术设计教育做

---

① 该资料来自于中央工艺美术学院1992年提交给轻工业部教育司和文化部教育司的《关于修订高等工艺美术学科（本科）专业目录的具体建议》[（92）工艺院字第014号]。

好了铺垫。

在1988年室内设计系更名为环境艺术系之后，室内设计的课程体系也相应地进行了调整，但是这种变化并非如系名的变化一样在观念上给人带来一种突破感，事实上前后二者的课程体系大同小异，整体结构上还是以延续为主。鉴于一些课表的缺失，本文无法完全还原这一阶段每一届学生的培养方案，但是经过与访谈对象的求证，本文所例举的1992级学生的培养方案可以代表这一阶段的普遍情况，其他年份的培养方案略有微调，但变化不大。因此，课程体系的分析即以1992级的培养方案为样本（表3-2）。

1988年6月，中央工艺美术学院以"二·二制"的形式成立基础部，对学生的思想政治、教学安排和管理统一计划与领导，还将各专业的基础课程按照学科群集中起来进行教学，统一管理。因此，学生的课程教学在时间上就一分为二，第一年是基础训练，主要课程是基础课，由基础部负责，第二年，增加部分专业基础课，后两年是专业课，由系一级专业教师负责。从整体的课程安排来看，基础训练在环境艺术系的课程体系中仍然占据了重要的地位，除传统的素描、色彩课程要通过一个学期再次强化外，制图课和表现技法课连续出现在了三个学期中，"强化基础"、"通过基础训练来锻炼思维"的教学思想得到了延续，甚至于继续被强化。

表 3-2 环境艺术系 1992 级本科生 4 年全过程培养课程整理（不包括文化共同课）

周年次级	1	2	3	4	5	6	7	8	9	10	11	12	13	14	15	16	17	18	19	20	21	22
基础部 二上	军训		素描速写			图案装饰			白描花卉			色彩				平面构成						
基础部 二下	雕塑		图案（色彩）			色彩（风景）			素描（半身像）			图案（构图）			工笔重彩		字体					复习
基础部 二上	速写		装饰		色彩构成			制图			透视			立体构成			建筑风格史		技法表现			
基础部 二下	专业制图		表现技法		室内设计初步			传统室内测绘		建筑设计基础			建筑装饰图案		升级分流考试		建筑艺术导引					
环境艺术系 三上	人体工程学		装修材料与构造	专业制图（施工图）		表现技法			家具设计			室内设计				陈设艺术设计						
环境艺术系 三下	家具设计		建筑设计			室内设计			环境绿化			环境艺术设计			环境照明设计及灯具制作							
环境艺术系 四上	环境艺术特论与环境艺术			园林民居调研、测绘			计算机辅助设计		传统家具风格史		陈设艺术设计			展览设计		室内设计			商业设施设计			
环境艺术系 四下	专业调研		毕业设计及论文：工程项目设计实践及陈设设计家具设计制作														毕业展览答辩					

注：根据 1992 年～1996 年，基础部、环境艺术系课程表整理复原课程体系，思想政治类、英语和体育未列入该表。

从学生实际的体验来看，基础课（包括基础课和专业基础课）训练也的确对学生产生了深刻的影响，一方面是在课程教学的安排上这些课程得到了重视和强化，另一方面，基础课特别是专业基础课是实践性很强的课程，设计方案的最终呈现都需要依赖专业基础课训练的技能，因此，基础课和专业基础课在课程体系中的分量自然就会重得多。

课程内容上来看，这一阶段环境艺术系的课程也一定程度上开始体现出一些"系统性"和"综合性"的特征，例如将人体工程学课程引入课程体系中，虽然占据的课时比例比较小，但仍然可以看到室内设计观念的转变已经渗透到了教学中。[1]另外，"环境"和"环境艺术"前缀的课程也出现在了设计专业课中，这自然也是室内设计培养和训练环境观的课程安排。在实际授课中"环境"有时被约等于室外空间，例如"环境艺术设计"这门课实际讲授内容都是外部空间设计（表3-3）；"环境"有时也被等同于室内空间加室外空间，例如环境照明设计和环境绿化设计实际

---

[1]其实人体工程学的思想在五六十年代工艺美院室内设计的实践中已经有所体现了，如前文曾提到参加人民大会堂家具设计的罗无逸先生就已经注意到了人的体验对家具设计的重要性。1995年中央工艺美术学院的课程大纲中，人体工程学课程的教学内容仅包含四个部分，即概论、人的身体与室内设计、人的知觉与室内设计、人的心理与室内设计，而每一部分的内容也只有一句话介绍，并没有详细的单元和主题的列表，人体工程学课程总体设计还比较简单。

表 3-3 环境艺术设计课程内容[1]

外部空间类型	外部空间设计功能要求	外部空间环境艺术设计
1. 历史形成的外部空间类型 2. 现代社会的外部空间类型	1. 城市空间的作用、性能和用途 2. 道路、桥梁、广场、园林、水体、绿化的功能设计	1. 公共交通设施设计 2. 休憩设施设计 3. 游戏设施设计 4. 绿化设计 5. 照明装置设计 6. 情报知识装置设计 7. 环境艺术整体设计

都是把室内和室外分成两个部分在两个阶段分别讲授。[2]

课程体系新增了商业设施设计[3]，包括其在内，公共空间设计、展览设计都是与工艺美院环境艺术系实践工程和项目密切相关的内容。而与之形成反差的是，20世纪90年代初期社会上已经开始了对居住空间的装饰、装修的关注，这一点可以从《人民日报》的报道中看出，1991年和1992年分别有5篇和4篇专稿聚焦当时的家装热的现象和家装热背后的隐患，其中就明确地提出了家装设计能力和施工水平的低下，其分析得出的主要原因就是当时的设计和施工公司不屑于家装项目。令人遗憾的是，关乎广大人民群众生活的居住空间设计并没有得到工艺美院环境艺术系的重视，这门课程到1999年依然没有出现在本科教学大纲和教学过程中，反而出现在了家具大专班的课程表中，从这一点也可以看出当时环境艺术系对人们居住空间重视的不足。

多元化教学模式的形成

随着20世纪90年代中央工艺美术学院的教育改革对国内相关院校的示范和促进作用，国内其他院校逐渐开始思考和探索适合自身发展的教学模式。20世纪80年代末

---

[1] 根据1994年中央工艺美术学院教学大纲整理。
[2] 在1994年中央工艺美术学院教学大纲中，环境照明设计就分为城市环境照明和室内环境照明两部分，环境绿化设计也分为室外环境绿化设计和室内环境绿化设计两部分。
[3] 资料来源是《环境艺术系1989—1990年度总结》"教学与科研成果部分"。

到20世纪90年代中期，以中央工艺美术学院为骨干力量的一批设计院校学生毕业后，成为这个时期设计行业中接受正规现代设计教育体系培养的设计师。他们一部分进入到市场中从事实践工作，另一部分留在国内各大学院里成为具有现代设计思维的教师。还有一部分学生选择出国留学，希望真实的体验国外先进的设计教育，进而在国外的设计事务所工作，更为深入地了解现代室内设计的从教育到产业的完整流程。在世纪交汇的时代，在这些新老一代的设计师和教师的努力下，在市场环境的推动下，设计院校都在寻求的对本专业的学科设置进行调整和优化，以适应市场需求与行业发展。

中央美术学院环境艺术设计系成立于1993年，其课程设置带有较强的现代建筑设计教育思维意识。尽管身处于中央美院这样一个主流美术教育的背景，但在基础教学上并没有受其影响而将基础教学变成写实绘画技能的训练。当时的一批教师对设计类的专业基础教育进行了一系列的教学改革和试验。例如在传统的素描教学上，打破了以往单纯写实的训练方式，与设计思维很好地结合起来。在素描课程中，传统的物象写生训练只作为第一个阶段的作业，之后的每个阶段，要求学生根据给定的条件，自行组织、提取物象的特征，逐步的将原本具象的形态转化为抽象的形态，在这个过程中学生基本的绘画造型能力得到了锻炼，更重要的是这样一个连续的过程使得学生自己独立的设计思维在每一个向抽象转化的阶段中逐步的建立起来。如素描抽象提取系列课程、材料课程都取得了非常好的效果。[1]

中国美术学院（原浙江美术学院）环境艺术系的教学特点同样带有建筑学视野。其目标在于"跨越艺术与理工专业界限的环艺专业，进行学科的交叉与融合，"在对于室内空间的理解上，教学中强调"环境"的概念，即由建筑外部环境到建筑本体乃至室内空间的"一体化"设计。本着这样的目标，自20世纪80年代初建系以来，教学方面就一直很注重建筑空间的把握、环境空间的塑造及环境艺术作品的设计，建

---

[1]刘少帅. 室内设计四年制本科专业基础教学研究[D]. 北京：中央美术学院，2013年.

筑、室内、室外环境设计是课程设置的重点课目。

延续开办专业之初所秉承的：环境、建筑、室内一体化设计的观念。浙江美术学院将室内设计作为是广义建筑学框架下的一个分支。在教学方法上，环艺系"中学为体、西学为用"，学习西方教育发达国家的成熟经验，借鉴景观设计学与生态建筑学所创造的学术成果，将它融合到我们的教学中，形成开放、圆融的专业教学体系。[1]以当时的基础课程教学为例，学校进行教学改革后，首先从学时上将基础课程缩短。在对于素描、色彩和三大构成的学习中，其目的并不在于单纯的培养艺术表现技能及审美熏陶，而是力求通过基础课程的训练，将建筑、空间设计思维植入到学生的思想体系及思维方法中。正如当时对于基础教学的构想：新生虽然报考环境艺术专业，但对专业不甚了解，有的甚至处于被动状态；其次学生掌握的美术表现观念、方法和形式纯属应试"敲门砖"式的绘画技能与模式。针对这些不利因素，新生进系后进行短期系统美术再教育十分必要，既是对学生逐步进行专业性的美术基础训练，又在这个过程中得以了解熟悉专业的特性，较快地进入设计角色，这不能不说是种良策。因此，浙江美院环艺系美术基础教学的目的是把它作为设计造型基础对待，进一步加强对学生写实描绘能力的训练，加强立体形象思维的能力，增强审美意识与能力，以期为培养出具有较高艺术素质的专业设计人才打好美术基础。也就是说，把美术课程作为设计造型基础的手段来对待，努力做到内容与专业具有相关性、互补性和目标的一致性。[2]

相比浙江美术学院带有建筑学色彩的美术院校的室内教学，同济大学室内设计专业更加强调以建筑学专业为依托的室内设计教育。提倡崇尚科学精神，注重理性思维，强调以人为本，关注生态，注重环境整体观，时代性和地域性并重，融技术和艺术于一体的室内设计观。[3]室内设计专业的公共课程和基础课程基本由建筑系的

①邵健. 环境艺术的通境之路—中国美术学院环境艺术设计专业教育访谈录[J]. 世界建筑导报, 2006 (12): 7.
②卢如来. 环境艺术系的美术基础教育改革[J]. 新美术, 1999 (02): 53.
③陈易, 左琰. 同济大学室内设计教育的回顾与展望[J]. 时代建筑, 2012 (03): 39.

教师负责，学生与建筑学、历史建筑保护工程的学生一起合班上课，这些都使学生具有坚实建筑学背景。虽然在主体课程设置上，包括类型设计、辅助技法课程、综合性毕业设计等，与美术类背景的课程设置基本类似，但由于身处工科院校的环境以及截然不同的生源和师资背景，其整体的教学体系还是带有较强的建筑学印记。

室内设计本科的专业教学则主要由五大知识模块组成：理论模块、设计模块、相关知识和技能模块、毕业设计模块、专业实践模块。理论模块主要涉及设计理论和专业历史课程，包括室内设计原理、家具与陈设、中国传统家具与文化等课程。设计模块主要涉及各类室内设计作业，包括室内设计初步、公共建筑室内设计、居住建筑室内设计、特殊类型室内设计、历史建筑室内改造等。相关知识和技能模块主要涉及与室内设计紧密相关的知识和技能，包括环境心理学、人体工程学、室内环境表现、材料与部品、室内照明艺术、构造技术、电脑软件应用等课程。毕业设计模块主要指毕业设计，要求学生综合运用所学的知识，解决复杂空间的室内设计问题。[①]

广州美术学院地处这一时期改革开放的前沿，与其他院校相比，教学与市场的结合更加紧密。广州美术学院的室内设计专业以集美设计公司为依托，在课程设置上与市场需求结合的非常紧密。走"产、学、研"结合的教学模式。培养学生的实践能力。"我们的毕业生都学过经营、预算、法律、公关，而且我们平时的课堂上，特别是评作业的时候要求学生注意各方面的细节。男生要打领带，女孩要着淡妆，衣冠整齐，举止得体，然后上台演讲。一次不行两次、三次，直到合格为止。而且上台怎么上，姿势怎么摆，讲话的轻重缓急，语气的抑扬顿挫，怎么能让自己的讲话具有吸引力，如何让自己的设计讲析得更透彻。这一套做法，我们在那个年代就已经抓得很紧了。"[②]

重庆建筑工程学院的室内设计专业，其教学内容主要涉及建筑内部空间设计、界面装修、材料运用和室内环境格调、空间特色、室内色彩、照明、室内家具设计与陈

①傅袆. 脉络立场视野与实验——以建筑教育为基础的室内设计教学研究[D]. 北京：中央美术学院，2013.
②张幼云、杨柳. 在历史机遇中创造辉煌——尹定邦谈广州美术学院的设计教育[J]. 装饰，2012（01）：65.

设品布置以及室内环境对于人的生理和心理作用等方向。专业研究的具体内容，除了建筑设计的基本理论和方法外，主要包括室内设计基础理论，如建筑空间理论、材料运用、色彩设计和以环境科学为核心的社会学、行为学、环境心理学等现代科学。专业的课程设置以建筑学课程为基础，培养学生对建筑整体特征的全面认识，同时以艺术课程中有关造型表现中的空间、光、形、材料及物质手段作为基础课程，以训练学生造型和空间构思方面的能力。基础课的安排，除了有关空间、环境的课程外，还开设艺术史、工业设计史、现代建筑装修材料等相关课程。对于室内设计专业的学生，着重从加强建筑理论、建筑的社会性、人的行为心理和空间环境理论等方面入手，加深学生对建筑与社会的关系方面的了解。①

从技能到创新——在数字技术与信息开放的环境下孕育中的"室内设计"

1990年代中后期，是室内设计从技能到创新的转折期，设计创新开始成为中国室内设计教育所思考的重要方向。这种转变是随着中国经济、科技、文化以及意识形态的进步而产生的。

在此之前，建筑与室内设计行业的设计师都是依靠手绘制图与透视表现等方式来阐释自己的设计意图，并让业主与建造人员理解设计方案。在专业教育体系中，手绘技能一向是重要的训练科目。然而，由于室内设计专业所具有的综合型学科特质，它同一个国家建筑、工业、科技、文化的整体发展水平相关联，尽管在教学主体意识上，室内设计所要研究的是空间环境与功能和建造技术的相互关系，然而这一时期受整个国家经济文化发展水平的制约，大多数行业内外人士的思维方式还停留在将室内设计看作是对建筑内部空间界面的美化和装饰的层面。这大大局限了室内设计所思考的深度和广度，使其大多停留在对图面效果、装饰材料及建造技术的探讨。另一方面，"设计表现"这一概念被定义为单纯的将设计师思维中的设计结果

---

①重庆建筑大学室内设计专业的教学及工程实践[J]. 室内设计，1996（02）：48.

进行图像式表达，其目的是让观看者以较为轻松和简单的方式理解设计意图。效果图这种单纯以表现为主导的形式在平面、手绘草图、效果图、施工图的传统流程中占用了设计师大量的时间，然而成果上对于设计理念的提升与研究并没有太大帮助，也从而导致最终成为图像化的"效果图"过度专注于表达效果容易使设计本身所传达的意图被忽略。对于设计的评价，也流于表面绘图效果的优劣。甚至在某种程度上成为室内设计领域内外对设计的评价标准。很多并不擅长绘画的设计师受制于表达方式与技巧所带来的时间的浪费，难以对室内设计纵深领域即更复杂的空间关系进行探索。

从20世纪80年代贝聿铭先生的香山饭店，到20世纪90年代初黑川纪章的中日青年交流中心等建筑相继在中国的落成，国外建筑师的案例越来越多地进入到中国建筑师和室内设计师的视野。国内设计师通过对国外先进建筑空间理念的学习，逐渐认识到当今建筑设计的形式变得更加丰富多样，由此衍生出的室内空间形式也愈发丰富。传统的空间认知和表现方法，已经无法适用于研究和展现这种复杂的空间多样性。而在20世纪90年代中期以后电脑的普及，诸如3D Studio，3D Max等三维空间建模软件的出现，给设计师带来了极大的便利。同时，在设计行业里，由于国家处在发展的高峰期，大量的建设项目需要在很短时间内完成，市场出于对设计和建造效率，以及科学化的施工管理的需求，AutoCAD制图软件以及3D渲染软件的应用开始逐渐出现在实践工作中。市场对于设计师掌握计算机绘图的新型技能需求越来越迫切，这也使得院校不得不应对这一形势，将计算机绘图课程引进到院校教学中。

虽然在20世纪90年代中期到以后的很长一段时间，在室内设计教学中，电脑的介入大多还是停留在作为一种表达手段。但是客观上，计算机的精确性和便于修改的优势使学生逐渐摆脱基于手绘技巧的制约，开始有更多的时间和精力进行方案的研究和设计形式的推敲。计算机实现了复杂空间形体的平面与三维的快速转换。快速准确的建立三维空间模型有助于帮助设计师培养空间感及想象力的提升，使设计的可能性变得更加多元化。而室内设计从思维方式上在这一时期，逐渐从图像化向空间化转变。电脑技术的使用为学院教育对于创新思维的培养提供了广阔的空间。从而开始了数字化时代室内设计教育的历史。

1990年代中期开始，互联网逐渐在中国兴起，无论是寻常百姓，还是从事专业设计的设计师和学生，开始通过网络获取国外的信息资讯。传统的靠进口或翻译书籍学习国外最新设计理念的方式被改变，院校教师同学生在获取知识的途径上站在了同一起跑线。通过互联网，大家不仅看到国外最新的实践成果，同时也看到了国外设计院校的教学理念与方法，乃至课程设计。

互联网的出现，开启了一个中国设计教育理念变革的新的时代。随着互联网带来的信息交流的快速发展，学生对于知识的获取不再局限于学校中，传统的教师对学生的自上而下的讲授方式被打破。老师与学生几乎同时开始通过网络等信息平台学习国外的设计手法及教学理念。由此，室内教学的方法与课程设置越来越与国际接轨。另外，由于信息交流的便利，国外更多先进的设计风格与理论也大量进入到学校，对于理论的认知也不再停留在设计史或资料图集。室内设计教育开始思考设计的本体乃至哲学与设计伦理的范畴。在这一时期，高校室内设计教育在努力将现有的教学模式调整到适应多元化的社会需要所要具备的多元化知识结构。与此同时，也在尝试在自身室内设计领域之外增加人文、科学等相关知识。这些尝试和努力为即将到来的21世纪的室内设计的多元化发展与学科交叉提供了储备。

3.2.3　设计实践："产学研"结合的市场化模式的建立

从20世纪80年代末到90年代初，在教学与生产劳动相结合、建立产、学、研结合体的教学指导方针之下，一些院校室内设计专业的设计实践开始由教学行政式的组织形式转向教学行政式和公司运营式的结合模式。而进入20世纪90年代，这种模式进一步发展，原先教学行政式的组织形式相对弱化，而形成了以公司运营式为主的设计实践组织形式。

作为我国改革开放的前沿，广州美术学院借助其靠近香港的地理优势，在全国美术院校当中率先开始将市场的需求与设计教学紧密结合，教学内容的设置开始尝试以适应市场需求为导向的发展模式。1984年，广州美术学院集美设计中心正式成立，并于1985年注册为"广州集美设计公司"，同年改名为"广州美术学院集美设计工程公司"。集美公司先后承担了大量的室内设计工程，成为当时行业内具有很大影响力的公司。专业教师带领学生走向市场，强调实习，积极承接设计项目，在设计实践中锻炼设计能力，积累设计经验，同时将实践所获得的资金用于发展学科建设。同时期，浙江美术学院、重庆建筑工学院等院校也纷纷成立环境设计研究所或

图3-4 1988年4月，中央工艺美术学院环境艺术研究设计所成立大会

室内设计研究室，积极构建"产、学、研"一体化的办学模式，通过各种类型的社会任务，探索新型室内设计专业教学的思路与方法。

在这个阶段，设计实践的开展大多以商业运营式的组织方式为主导，院系的教师在实践中更多地扮演经理人和设计师的双重角色。作为以营利为主要目的组织形式，更加公司化的治理结构和角色选择也是自然而然的结果，否则就难以适应在市场竞争和市场运营中的效率优先原则。另外，如果没有公司的组织形式，设计的资质问题也难以解决。以中央工艺美院为例，"实践带动教学"几乎一直是中央工艺美院室内专业的办学特点。1984年，中央工艺美术学院将设计中心调整为教学科研设计经理处，负责有计划地接受国内外企业、团体、机关和个人的委托，开展有偿社会服务工作。1988年4月，经国家计委、建设部批准，学院在原"环境艺术中心"的基础上成立"中央工艺美术学院环境艺术研究设计所"（图3-4）。到20世纪90年代中期，除已有的中央工艺美术学院环境艺术研究设计所，又成立了中央工艺美术学院环境艺术发展中心、中央工艺美术学院环境艺术工程公司和北京中艺（国际）装饰设计工程有限公司，专门从事室内设计的专业机构发展为四家（图3-5）。

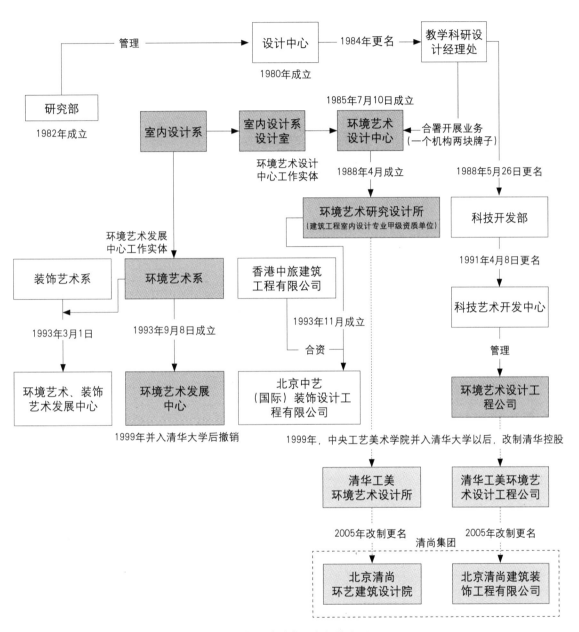

图3-5 中央工艺美术学院环境艺术设计社会服务机构变迁图

从上述中央工艺美术学院室内设计机构的发展历程来看，实践经营式的组织形式也是随着教育改革的推进，特别是教育改革中"教学、科研、生产"三结合联合体的指导方针在学院的整体推进而逐步发展起来的。实践经营式的组织形式，其运作是按照公司的管理模式来进行，分工更加专业化和专门化。另外，实践经营式的组织形式其目标是社会效益与经济效益的双丰收。由于这些运营机构仍由学院领导，其人员也大都是院系的教师，因此这期间的室内设计实践的组织形式就成为了教学行政式的组织形式和公司经营式的组织形式的结合。这种结合在一起的组织形式利弊共存，利在于有助于与商品经济的发展相衔接，方便按照市场的规则参与设计实践，弊则在于这两种模式在追求的目标上有所差异，教师的双重身份有时难以保证正常的教学精力不被实践所挤压。在这种结合的组织形式产生后，设计实践中的师生关系也成为了混合式的，一方面是教与学的关系，其中还有师傅带徒弟的传统；另一方面，公司与实践委托方的契约要求又使得师生之间也产生了一种隐性的商业利益关系。

"环艺"时代的设计实践是多元、丰富而忙碌的，经历了20世纪80年代设计实践主题和组织形式的转型，20世纪90年代的设计实践具备了蓬勃发展的基础。在"教学、科研、生产"三结合的教育指导方针下，全国各院系的室内设计实践顺应了市场的需要走向规模化。无论对于教师还是对于学生而言，这个阶段都可以称作是一个设计实践的高潮。从总的趋势来看，"环艺"时代室内设计专业的实践内容从项目类型上，由以政府项目为主转变为以商业项目为主，从空间类型上则以公共厅堂、酒店，转向了写字楼类型的办公空间。以中央工艺美术学院环境艺术系为例，这一阶段承接的设计实践项目比较有代表性的有：珠海金怡酒店室内设计、中国远洋运输总公司办公楼室内设计、中国银行新加坡分行办公大楼室内设计、山东银工大厦室内设计、北京国际机场新航站楼贵宾区室内设计等。

20世纪90年代，中国室内设计专业的设计实践随着社会大环境的转变也在探索新的发展方向。在这个阶段，实践内容的尝试和实践形式的探索都为中国室内设计教育的发展产生积极的推动作用。由于在20世纪90年代初期，对外交流与资讯并不发达，学校对于室内设计的认知除了传统的教学理论知识之外，更多的只能是来自于实际的项目实践中所获得的经验。其迅速带动了教学的恢复，迅速提高了年轻师资的设计实践能力，然后反哺教学、促进教学质量的提高。另外，在教学体系尚未完全理顺，教材建设未跟上教学需要时，这些实践项目也为课堂教学储备了素材。例如，中央工艺美术学院承担的中国银行新加坡分行办公大楼室内设计工程，这是中国的室内设计与世界对话、与国际接轨的载体，甚至一定程度上改变了国内室内设计专业教师的设计观。在室内设计工作中，学院师生在接触了国外苛刻的技术标准，与国外同行难得的合作过程中对其精湛的设计水准和制造工艺也颇为叹服。在这种"产、学、研"模式下，教师与学生都在从实践中获取知识，完成自身对于设计的领悟，从而影响到他们未来的发展之路。

3.2.4　学术研究：理论总结与教材编著

理论体系的建设是我国室内设计专业能够保持可持续发展的关键，中央工艺美术学院环境艺术设计系基于40余年教学经验的总结，在这方面做出了大量的工作。1991年，由张绮曼、郑曙旸主编的我国第一本室内设计大型工具书《室内设计资料集》正式出版。该书从艺术与技术的角度出发，内容涉及现代室内设计的基本理论、设计程序、室内空间设计方法以及风格、流派、样式、室内色彩、绿化、家具、陈设、光环境等方面。此外，该书还广泛收录了室内空间尺度的参考数据以及材料运用、装修做法和部分工程实例的详图，成为当时国内最为全面、系统、实用同时也是发行量最大的室内设计专业工具书。台湾建筑与文化出版社编委会在台湾重新制版、发行该书精装本时曾高度评价道："一本设计资料集，能编制得这样全面、易查实用，而且这样的中国化，为至今国内所仅见。"从1991年出版至今，《室内设计资料集》仅在中国大陆地区的发行量就已超过60万册。随后，作为《室内设计资料集》的姊妹篇，《室内设计经典集》、《室内设计资料集2——装饰与陈设编》又分别于1994年和1999年出版，并受到国内外专业人士的欢迎与好评。1996年出版的《环境艺术设计理论》汇集了中央工艺美术学院环境艺术系师生20世纪80年代至90年代在专业教学与设计实践基础上撰写的论文与评述文章数十篇，这些论文与评述文章的发表，填补了我国环境艺术设计专业在理论研究方面的一项空白，为改变我国室内设计基础理论研究的滞后状态起到了积极的推动作用。

中央工艺美术学院根据专业的特点和自身发展的需要，于1999年编写了一套高等学校环境艺术设计专业教学丛书暨高级培训教材，包括《室内设计程序》、《室内空间设计》、《照明系统设计》、《家具设计》、《室内陈设艺术设计》、《室内绿化设计》、《商业展示与设施设计》、《住宅室内设计》、《室内设计的风格样式与流派》、《表现技法》、《室内人体工程学》、《环境景观设计》总计12本。

另外，同济大学于1997年组织国内一批具有丰富教学经验、长期从事工程实践的室内设计方面的专家学者，编写了一套可供高等院校室内设计和建筑装饰专业教学及高等技术人员培训用的系列丛书。全套丛书包括：《室内设计原理》、《室内设计表现图技法》、《人体工程学与室内设计》、《室内环境与设备》、《家具与陈设》、《室内绿化与内庭》、《建筑装饰构造》、《室内设计发展史》、《建筑室内装饰艺术》、《环境心理学与室内设计》、《室内设计计算机应用》、《建筑装饰材料》。

除上述的专业书籍和教材以外，天津大学彭一刚教授所著的《建筑空间组合论》、同济大学来增祥教授与重庆建筑大学陆震纬教授合著的《室内设计原理》，以及在《装饰》、《室内设计与装修》、《空间》、《建筑学报》、《世界建筑》、《建筑技术与设计》等刊物上发表的很多专业文章也都在室内设计专业理论研究领域产生了重要的影响。

中国室内设计教育的变革与转型

20世纪90年代末，中国宏观经济持续迅猛发展，社会及个人对室内设计的需求迅猛增加。1998年7月，国务院下发《关于进一步深化城镇住房制度改革加快住房建设的通知》，明确提出促使住宅业成为新的经济增长点。从1998年下半年开始，停止住房实物分配，逐步实行住房分配货币化。

住宅业成为新的经济增长点的政策措施实施后，全国城镇住房建设取得了迅速发展。1997年全国城镇房屋竣工面积仅为62490.19万m²，2002年达到93018.27万m²，增长48.85%。同时，商品房竣工面积增长更加迅速，1997年全国商品房竣工面积为15819.7万m²，2002年达到34975.75万m²，增长121.09%（图4-1）。从2003年开始，全国范围全面进入了房地产投资和建设开发的热潮当中，尽管国家政府出台了相关宏观调控政策，从1998年开始截止到2014年，中国建筑业房屋施工面积增速迅猛，带动建筑设计、室内设计和相关行业及其教育的高速发展。

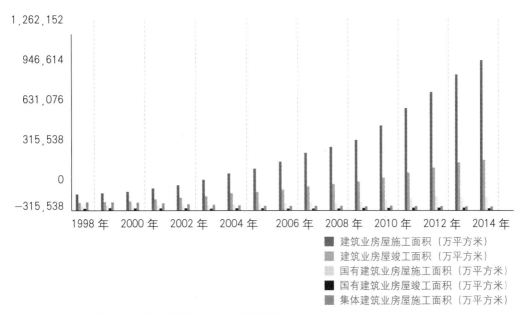

图4-1 1998年～2014年全国城镇住房建设面积统计

在房地产行业迅猛发展和国家宏观调控的2003年至2007年，私人住宅、样板间、售楼处和会所等商业地产项目开始成为室内设计市场构成的主力。同时，城镇住房改革中的经济适用房和廉租房建设也迅速发展，相关设计也开始得到重视，这一举措大大促进了城市化的快速进程。由城市升级所带动的大型商业购物中心、公共建筑、高端写字楼、星级酒店等建筑类型在全国各大城市遍地开花；奥运会、世博会、冬奥会的陆续申办成功，带动主办城市经济结构调整和升级，使旅游业和文化产业逐渐成为城市经济中的支柱产业，并同时带动促进城市基础建设，城市居民生活品质得到了较大的提升，日益扩大的消费需求也带动了商业服务场所的经营，餐厅设计、品牌空间设计和日常生活场所的设计开始普及，设计需求从企业端逐渐扩大到个体端。

宏观经济政策因素及微观需求，整体带动了21世纪建筑及室内设计市场和装修行业的繁荣，新兴项目需要大量的室内设计专业人员。各大高校正是看到了这一专业所带来的就业前景和行业机遇，纷纷开设室内设计或相关专业。

4.1
生源规模的扩大与教学模式的变化

21世纪的前10年，中国经济仍处在工业化加速发展时期，这一阶段不仅要继续扩大经济总量，更要解决经济结构调整和产业结构升级等一系列对于高素质的专业人才需求问题。1999年教育部出台的《面向21世纪教育振兴行动计划》开始了高等教育（包括大学本科、研究生）不断扩大招生人数的教育改革政策，其目标为"拉动内需、刺激消费、促进经济增长、缓解就业压力"。我国高等教育毛入学率由1998年的9.8%突飞猛进到2011年的26.9%，高等教育由精英教育步入到大众教育的阶段。[①]

4.1.1 扩招背景下的井喷式发展

"艺考热"是伴随21世纪初高校扩招出现的新现象。据教育部统计，2001年全国艺术高考招生录取人数超过了土木工程、临床医学等热门专业，居全国一级学科的第六位。到了2003年，全国1683所高校中，80%以上设立了艺术类专业，艺术学科已经快速发展成为规模相对较大的热门学科，而在所有的艺术学科中，艺术设计专业又是其中一个重要的增长点。[②]室内设计专业在全国范围内的招生数量也迎来了井喷式的高速发展。

从"艺考"生源方面看，不少高中生在短期内依靠集训、突击和默写等针对性较强的方式学习绘画和设计等考试科目。这种功利的应试教育违背了设计学对于学生艺术素质和文化修养的基本要求，由此使得大量并不适合学习艺术设计的学生盲目为了一流的"本科学历"进入到设计专业，这为学生将来的学习和就业埋下了一定的隐患。针对这一问题，高校在积极改进教学模式、反思人才培养计划和建设教师队伍的同时，开始认真调整招生政策以及考试方式和生源录取要求等内容，尝试改善生源结构、调节扩招后生源质量参差不齐的现象。

"文理兼收"是相应的举措之一，艺术设计并不再被视为文科学生的"专利"，设

①肖念，阎凤桥. 后大众化高等教育之挑战[M]. 北京：高等教育出版社，2012.
②中国教育年鉴编辑部. 2004年中国教育年鉴[M]. 北京：人民教育出版社，2004.

计专业学生对理科知识的接受能力、逻辑分析能力以及理性表达能力，都受到了相关艺术院校的重视。通过生源结构的多元化和差异化，促进学生在未来共同学习中的思维方式互补。随着多年的教育改革和扩招，学生的知识背景"多元化"已成为教育界的共识。

在扩招后，开设室内设计专业的院校除了传统的艺术类或建筑类院校外，还有大量的综合类或理工院校。这些院校大规模招收的生源不仅来自于艺术类考生，普通高中的文理科背景的学生也随之进入到室内设计教育体系。这些学生的教育背景的不同使学生之间的知识交换更加丰富。开设院校及学生数量的增加，必然带来教师人数的快速增长，由于开设院校的类型的多样化，使教师的学术背景从原来的以艺术设计为主到现在的包括文、理背景在内的更加多样性的构成模式。20世纪90年代毕业进入到实践设计领域的职业设计师，以及出国留学工作的海归，藉由扩招对于教师的需求，得以回到校园从事教学工作。这些有着不同经历和专业背景的教师使室内专业教学更加多元化。

虽然借着扩招这一历史机遇，众多院校得以在短期内迅速开展学科建设并向社会输送了一大批设计人才。但同时，大规模的扩招也使中国的室内设计教育面临了巨大的挑战，如何平衡教学规模与教学质量成为了各个学校思考的重点。

4.1.2 学分制制度的改革：从"专门型人才"转向"通识型人才"的培养

20世纪90年代开始，艺术设计教育领域针对专业口径过窄、分科过细，以及过于强调艺术化等问题开展了针对性的调整，其中学分制改革成为重要举措。90年代末，各院校相继展开了以"增设选修课"为主要变化的学分制改革。

学分制以开放的课程体系、量化的学分管理和多样的人才培养为特征，其重要方略是强化通识教育、淡化专业边界，学生通过较为自由的选课方式，建构起共性的知识体系与具有个性特征的专业构架。与之相对的教学模式是原有的"学年制"教学。我国从1952年起全面实行学年制教学，30余年间，形成了以培养专科人才为特点的高等教育体系。这种教学制度的设计思路是，根据专业的培养目标，结合规定的学习年限，制定系统完整的教学计划，以学年或学期为单元，依照固定的课程进度开展教学及管理活动。因此，学年制教学模式具有统一的课程规划，能够较好地保证教学质量和专业教育的针对性；同时，这种教学模式有利于实现专门人才的计划性培养，国家可以通过计划招生与定向分配，高成效地为国民经济的生产活动输送对口的人才。建国初期，学年制的实施解决了当时经济建设中专业技术人才的短缺的问题，使新中国人才培养制度与计划经济体制在短期内构成相辅相成的良性发展关系，在特定历史时期，是有积极的社会意义的。

伴随着我国社会、经济的发展，改革开放以后的社会需求发生了改变，以"专门化"教育为特征的学年制教学模式，其弊端愈加显现出来。由于过于强调"专业"教育，造成了专业划分过细、学生知识面狭窄、人才使用局限性较大，以及人才使用寿命过短等系列问题。①在1995年文化部颁发的《关于高等艺术院校试行学分制的若干意见》和1997年颁布的《文化部关于深化高等艺术院校教学改革的若干原则意见》等纲领性文件的直接推动下，艺术设计教学开始了广泛的学分制改革，学分制的开放性为人才培养的多样化提供了无限可能。针对当时我国高等教育过于专业化的弊病，"学分制"无疑是一剂对症良方，由此带来一系列课程体系的调整决定了今天艺术设计教育的格局。

---

①冯阳. 学分制下艺术设计教学模式研究[D]. 南京：南京艺术学院，2016.

4.1.3 学科归属学缘结构

《专业目录》是国家决策层面根据社会与经济的发展需求，以及高等教育自身发展现状，对全国高等教育发展做出的全局性调控，是国家层面在高等教育未来发展方向的体现，因此专业名称也直接成为了该专业未来一段时间在专业设置、学科建设、人才培养等方面的重要依据。在整体专业调整背景之下梳理室内设计专业名称的演进和学科归属的变化历程，将有助于厘清其专业范畴、专业内涵、专业定位以及其学术思想的变迁。

1949年前，我国高校的招生与人才培养均依照学科，不设立专业。1952年，我国开始对高等学校进行专业设置。新中国成立至今，我国高等学校一共经历五次本科专业目录的修订工作。不同时期的专业目录的修订，受到特定社会环境、教育环境、教育机构以及行业认知的影响。通过查阅近50年的《中国教育年鉴》，本研究整体呈现出从"工艺美术"一路走来的"设计学"的曲折发展历程，以及这"五次"专业修订中"设计"所含专业的调整变化（表4-1）。（详细示意图参考附录A）

表 4-1 新中国五次学科专业调整概况

	时间	调整变化	调整评价
第一次	1963 年	国家第一次统一制定高等学校专业目录，共设置 510 个专业	专业设置齐全，但专业面过窄
第二次	1982 年～1987 年	（"文化大革命"期间，专业数量增长为 1343）专业数量由 1343 减少到 671	解决十年动乱的专业混乱局面
第三次	1989 年～1993 年	分设十大门类，下设 71 个二级类，504 种专业	专业划分过细、范围过窄
第四次	1997 年～1998 年	增加管理学门类，调整二级类，专业种树由 504 减少至 249	改变过分强调"专业对口"的教育观念
第五次	2009 年～2012 年	增加艺术学门类，专业类由原来的 73 个增至 92 个；专业由原来的 635 种（目录内 249+目录外 386 种）调减至 506 种	调整专业与经济发展的适应性。设计学上升为一级学科

第一次专业调整

为了适应国家经济、科技、文化发展以及高级专门人才培养的需求，1963年，国家第一次制定统一的《高等学校通用专业目录》，目录共分为工科、农科、林科、卫生、师范、文科、理科、财经、政法、体育、艺术共十一个部分。其中，艺术包含音乐、美术、工艺美术、戏剧、戏曲、电影六大类。工艺美术下设染织美术、陶瓷美术、装潢美术、建筑装饰美术、漆器美术、工业品美术、印刷工艺7个专业组成。该目录成为当时高等学校专业设置与管理的重要依据。

第二次专业调整

"文化大革命"的十年，对教育体系造成的严重冲击，导致了专业总数上升至1300

多种。1982年到1987年底，国家组织了针对高等学院专业目录的第二次全面修订。本次修订基本解决了十年"文化大革命"造成的专业混乱，推进了专业名称的规范化与科学化，但依然存在专业划分过细，专业门类之间专业重复设置等问题。本次专业目录的修订与颁布依照学科类别，从1982年至1987年的五年间，制定了工科、文科、理科、医药、师范、体育、农科、林科等学科《专业目录》，并先后分别颁布实施。其中设计类的相关专业被编入"文科"的《普通高等学校社会科学本科专业目录》，在第十二类别"艺术类"中与设计相关的专业包括环境艺术设计、工业造型设计、染织设计、服装设计、陶瓷设计、漆艺、装潢设计、装饰艺术设计、工艺美术历史及理论共9个。与1963年《专业目录》相比较，专业名称中"美术"已被"艺术设计"或"设计"取代，可见"工艺美术"的概念正逐渐向"设计"的概念转变。从1987年开始，艺术类院校的环境艺术设计专业主要侧重室内设计和室外空间设计两个专业方向。而在这一版学科目录中，室内设计也出现在工科的土建类特设专业中，专业编号为工科特12。以此可以看出，室内设计专业在艺术类和建筑类院校的并行存在的现象由来已久。

第三次专业调整

1989年，国家教委开始准备第三轮专业目录修订工作，制定总体修订方案，并于1993年完成修订工作。1993年的《专业目录》首次明确学科门类，将所有学科共分设成为十大门类，包括哲学、经济学、法学、教育学、文学、历史学、理学、工学、农学、医学。共下设二级类71个。1993年专业目录调整的突出变化是，包含设计学科的"艺术类"被正式置于"文学"的门类之下，环境艺术设计成为设计学科下的一个专业方向。而在之前工艺美术相关专业中的工业造型设计被归入"工学"门类的机械类中，更名为工业设计。1993年颁布实施的专业目录一定程度上规范了专业划分，但就艺术类而言，置于文学门类之下的做法，显然不符合艺术与文学的种属关系，如此的归类也必将阻碍艺术类相关学科的有序发展。

第四次专业调整

1998年颁布的《普通高等学校本科专业目录》新增了管理门类，艺术类依旧置于文学门类之下。设计相关专业的突出变化是，以往以设计对象划分的环境艺术设计、染织艺术设计、服装艺术设计、陶瓷艺术设计、装潢艺术设计、装饰艺术设计等专业合并，统称为"艺术设计"；"工艺美术学"正式更名"艺术设计学"。至此，"工艺美术"概念向"艺术设计"概念的转换正式完成。

这一时期是我国艺术设计教育蓬勃发展的繁荣期，尽管"设计"的概念与内涵并未十分明晰，但我国的艺术设计教育也取得了长足进步。从历史的角度来说，该目录的颁布，标志着我国长期以来实行的工艺美术教育，由此转入到艺术设计教育的全新发展阶段。

第五次专业调整

2012年，教育部印发《普通高等学校本科专业目录（2012年）》，艺术学由原一级学科升至门类，而设计学则成为下设的一级学科，可授予"艺术"与"工学"学位，这一变化体现了设计学开始向综合学科发展的趋势。一方面，这顺应了学科发展的要求，摆脱了文学门类对艺术学科进一步发展的限制与阻碍，在教育制度体系上赋予了艺术和设计教育应有的地位；另一方面，这也体现出了社会意识和社会知识结构上的转变，艺术和设计在国家建设小康社会，实现中华民族伟大复兴过程中所发挥的作用和价值得到了进一步的认可，此种转变亦成为进一步提高国家软实力和建设创新型国家的重要举措。

五次专业目录调整中的室内设计

通过梳理五次《专业目录》的调整变化，我们不难看出，室内设计在本科专业目录中经历了由"建筑装饰美术"到"环境艺术设计"再到"环境设计"的发展过程，整个过程都是在"艺术"学科的背景之下，尤其是曾经从属于社会科学和文学的门类，这也不难理解，尽管室内设计与建筑的关系密不可分，但在学科归属上却从未真正牵手（表4-2）。

表4-2 新中国五次学科专业调整中的设计类专业名称变化

时间	1963 年	1987 年	1993 年	1998 年	2012 年
门类	艺术部分	社会科学	文学	文学	艺术学
一级学科	工艺美术	艺术类	艺术类	艺术类	设计学（可授予艺术学、工学学位）
二级学科	染织美术	染织设计	染织艺术设计	艺术设计 备注：工业设计 工学——机械类，可授予工学或文学学士学位	
	陶瓷美术	陶瓷设计	陶瓷艺术设计		陶瓷艺术设计
	装潢美术	装潢设计	装潢艺术设计		视觉传达设计
	建筑装饰美术	环境艺术设计	环境艺术设计		环境设计
	漆器美术	漆艺			
	工业品美术	工业造型设计	工业设计（工学-机械类）		产品设计
	印刷工艺				
		服装设计	服装艺术设计		服装与服饰设计
		装饰艺术设计	装饰艺术设计		工艺美术
		工艺美术历史及理论	工艺美术学	艺术设计学	艺术设计学
					公共艺术
					数字媒体艺术
					艺术与科技

4.2
专业教学：课程体系的重构

4.2.1 不同学缘结构背景下的专业教学

依照《普通高等学校本科专业目录》，目前我国设置室内设计专业的高校主要有两类：一类从属于艺术设计方向，学生大都是在一年到两年的艺术设计专业基础课学习后进入到室内设计的专业课程学习；另一类从属于建筑学方向，学生在学习建筑学基础课程以后，选择学习室内设计专业。

一般来讲，艺术类院校的室内设计专业学生，在美术基础、视觉感受、空间表达等方面有比较大的优势；而建筑背景院校培养的室内设计专业学生与艺术类院校的学生相比，对于空间关系、建筑结构和材料设备的综合运用上能力更强。此外，在本科学制上艺术类院校和建筑类院校的修业年限也有不同，建筑类院校一般要求学生需要进行五年的学习，而艺术类院校室内设计专业的修业年限一般为四年。

在以清华大学美术学院为代表的综合类艺术院校中，室内设计专业主要是通过扩充、调整和完善原有的课程结构和内容，采取比较渐进的方式进行教学转型。课程内容中吸收了很多建筑设计课程的观念、内容和训练方法，并增加了很多建筑理论和技术方面的课程。空间观念对于室内设计教育从业者而言并非新鲜事物，但逐渐地将空间训练作为重点的基础课程系统的纳入教学体系却显然是受到了建筑学专业的影响（表4-3、表4-4）。具体课程设置的主要变化表现为以下方面：[1]

1）进一步强化工程制图、建筑技术、材料及构造等建筑基础知识的课程，以建立初步的工程技术观念，使艺术类背景的学生具备更完整的专业知识结构。

2）在教学中，除了继续保留对传统图案的学习以及手绘表现技法的训练以外，开始大量的引入建筑设计专业中关于空间训练的内容和方法，强调空间形态的创造、体验以及空间概念的阐释，并把三维模型的制作训练放在比较重要的教学位置上。

3）在理论知识的建构上，除了对室内装饰风格流派的关注之外，对于更为系统和完整的建筑史以及相关建筑理论的学习也被纳入到了室内设计理论课程的体系中。

①根据清华大学美术学院环境艺术设计系2004年本科培养计划整理。

表 4-3 清华大学美术学院环艺系 2004 ～ 2005 学年秋季学期（第一学期）专业课课程表 1

学期	秋 季 学 期																		学生数	教室	班主任
月	九			十				十一				十二				二					
日	13 17	20 24	27 1	4 8	11 15	18 22	25 29	1 5	8 12	15 19	22 26	29 3	6 10	13 17	20 24	27 31	3 7	10 14			
周	1	2	3	4	5	6	7	8	9	10	11	12	13	14	15	16	17	18			

2003 室内班二上：
- 中外建筑与园林史论　周三 32 学时 2 学分
- 制图与透视　周一、二　36 学时 4 学分
- 人体工程学　周一、二　12 学时 1 学分
- 设计概念表达☆　周一、二、三　4 周 40 学时 2 学分
- 设计程序★　周一、二、三　40 学时 2 学分　复习考试
- 制图与透视　周一、二　6 周 36 学时 4 学分
- 人体工程学　周一、二　2 周 12 学时 1 学分

2002 室内班三上：
- 环境行为心理学　周一 16 学时 1 学分
- 家具设计基础　周一 48 学时 2 学分
- 材料构造与工艺　周三 32 学时 2 学分
- 环境色彩设计★　周三 32 学时 2 学分
- 环境照明设计★　周五 32 学时 2 学分
- 室内概念设计☆　周五 32 学时 2 学分

2001 室内班四上：
- 公共空间设计☆　周一 48 学时 3 学分
- 论文写作　16 学时 1 学分
- 工作空间设计★　周三 48 学时 3 学分
- 设计项目表达　周三 16 学时 1 学分
- 家具设计★　周五 32 学时 2 学分
- 施工图与构造设计　周五 32 学时 2 学分

表 4-4 清华大学美术学院环艺系 2004 ～ 2005 学年秋季学期（第二学期）专业课课程表 2

学期	春 季 学 期																		学生数	教室	班主任
月	二		三				四				五				六						
日	21 25	28 4	7 11	14 18	21 25	28 1	4 8	11 15	18 22	25 29	2 6	9 13	16 20	23 27	30 3	6 10	13 17	20 24	6月27日 8月5日	8 12	15 19	22 26	29 2	5 9
周	1	2	3	4	5	6	7	8	9	10	11	12	13	14	15	16	17	18	1～6	7	8	9	10	11

2003 室内：
- 计算机设计表达　课内 40 学时　4 周 3 学分
- 手绘设计表达★　课内 40 学时　4 周 3 学分
- 建筑设计基础☆　课内 40 学时　4 周 3 学分
- 空间概念设计　课内 40 学时　4 周 3 学分
- 传统家具调研　课内 100 学时　5 周 4 学分

2002 室内：
- 居住空间设计　周一　课内 32 学时　(4/周 ×8) 2 学分
- 环境绿化设计　周一　课内 32 学时　(4/周 ×8) 2 学分
- 景观设计☆　周三课内 64 学时　(4/周 ×16) 4 学分
- 陈设艺术设计★　周五　课内 32 学时　(4/周 ×8) 2 学分
- 展示设计　周五　课内 32 学时　(4/周 ×8) 2 学分
- 社会实践　课内 100 学时　5 周 3 学分

2001 室内：
- 设计标准与预算　课内 16 学时　周三 1 学分
- 毕业设计与论文　课内 60 学时　(4/周 ×15) 4 学分

（复习考试／暑假）

而以同济大学建筑与城市规划学院为代表，在建筑学教育体系下成立的室内设计专业，往往在专业建立的初始就把传统建筑学的教学体系作为基本的课程构架，建筑设计和室内设计专业也大都共享着同样的基础课程（表4-5）。在新的发展阶段下，在充分利用既有建筑学教学体系以及相关学术资源的同时，还通过多种方式引进艺术学背景的教学人才，进一步充实师资队伍，逐渐完善教学体系。 [①]

---

①陈易，左琰. 同济大学室内设计教育的回顾与展望[J]. 时代建筑，2012（03）：38.

表 4-5 2010 年同济大学建筑学专业（含室内设计方向）本科培养计划[1]

课程编号	课程名称	考试/查	学分	学时	上机时数	实验时数	一	二	三	四	五	六	七	八	九	十
						专业课										
必修课（必修 38 学分／四年制建筑学或必修 44 学分／五年制建筑学）																
必修课（必修 40 学分／四年制建筑学＜室内设计方向＞或必修 46 学分／五年制建筑学＜室内设计方向＞）																
022088	专业英语	试	2.0	34							2					
021297	建筑师职业教育	查	2.0	34									2			
021179	构造技术运用	查	1.0	17						1						
021145	建筑特殊构造	查	1.0	17							1					
023051	建筑防灾	试	1.0	17									1			
022094	建筑理论与历史（1）	查	2.0	34							2					
021094	建筑理论与历史（2）	查	3.0	51								3				
021030	建筑评论	查	2.0	34									2			
020207	公共建筑设计原理（1）－人文环境	查	1.0	17							1					
020208	公共建筑设计原理（2）－自然环境	查	1.0	17							1					
020209	公共建筑设计原理（3）－建筑群体	查	1.0	17								1				
020136	居住建筑设计原理	查	1.0	17								1				
020221	高层建筑设计原理	查	1.0	17									1			
020210	城市设计原理	查	1.0	17									1			
020211	公共建筑设计（人文环境与自然环境）	查	6.0	102								6				

[1] 资料来源：同济大学建筑与城市规划学院官方网站，本表仅包含专业课部分。

课程编号	课程名称	考试/查	学分	学时	上机时数	实验时数	各学期周学时分配	课程编号	课程名称	考试/查	学分	学时	上机时数	实验时数	各学期周学时分配	课程编号
020212	建筑群体设计与住区规划设计	查	6.0	102							6					
020222	高层建筑设计与城市设计	查	6.0	102									6			
020223	专题建筑设计（限五年制建筑学）	查	6.0	102									6			
选修课（选修 12 分）																
020216	电脑应用基础	查	2.0	34				2								
020217	数字化设计前沿	查	2.0	34						2						
020110	虚拟现实系统及应用	查	1.5	34							2					
021139	文博专题	查	2.0	34						2						
021013	室内设计原理（室内设计方向必修）	查	2.0	34							2					
022109	城市规划原理	查	2.0	34							2					
022294	城市建设史	查	2.0	34									2			
022034	园林设计原理	查	2.0	34									2			
024200	中外园林史	查	2.0	34										2		
020023	园林植物与应用	查	2.0	34										2		
021323	建筑结构造型	查	2.0	34										2		
022104	室内照明艺术	查	2.0	34									2			
023057	照明设计	查	2.0	34										2		
021300	家具与陈设	查	2.0	34							2					
020078	建筑产品选用与整合	查	2.0	34									2			
021324	室内环境表现	查	2.0	34										2		
020161	旧建筑再生设计策略	查	2.0	34										2		
021177	建筑策划	查	2.0	34										2		

此外，还有一部分开设室内设计专业的美术类院校（如中央美术学院、中国美术学院等）则通过成立建筑学院的方式，将室内设计专业从设计学的学科体系相对剥离，而将其置于建筑学的学科架构之中，成为其整体建筑学专业体系的一个组成部分。1995年，中央美术学院壁画系设立环境艺术专业，之后随着中央美术学院设计学科的发展，环境艺术专业归属于2003年成立的建筑学院，并进一步细分为室内设计和景观设计方向。室内设计专业的教学工作也由原来的设计学院负责转为由建筑学院负责。

作为新中国高等美术教育系统中成立的第一个建筑学院，中央美术学院建筑学院的教学实践在这一类院校中具有很好的代表性。该学院下设建筑、景观和室内三个专业方向，各专业的本科学制均为5年。其中，一、二年级为专业基础课程，三、四年级为专业课程，第五年进入导师工作室进行毕业创作（表4-6～表4-8）。建筑、景观、室内三个专业方向前两年的基础教学工作基于完全相同的教学平台，内容以造型基础、设计初步、建造基础和专业通识课程等必修课程为主。直至三、四年级，才开始在相关专业相互融合的基础上，强调不同专业的差异和特点。该学院的教学目标是"培养具有艺术家素质的建筑师和设计师"。[①]因此，其在课程设置和教学方式上也保留了艺术类院校的特点，即注重形象和概念的教学定位，强调直觉把握能力的培养以及综合素质和思考方法的形成。此外，还强调学生的动手能力，并把动手和体验作为课程学习的重点。

从专业课表中可以看出，室内设计专业的学生在三年级第一学期的课程安排中，首先开始面对的是建筑与室内空间的关系问题。尝试让学生理解室内空间是在外部建筑结构的影响下由使用者的行为方式引发的人与人之间的交流场所，而不仅仅是单纯的几何形体构成；旧建筑改造作为第一门室内专业的课程，其目的在于引导学生从室内空间的角度出发，在场地关系、公共活动、内部使用功能等因素的影响

①中央美术学院建筑学院. 2015-2016学年教学计划、课程大纲·导语[M]. 2015.

下，研究建筑外观与室内空间相互影响的动态关系；后面接着的课程为居住空间设计课，目的是让学生从较易把握的小尺度的空间领域开始，了解人与空间的尺度关系、私密性、领域感，以及基本的生活配套功能。

按照课程计划，学生在经过了三年级第一学期一系列的设计训练后，应该已经初步掌握并总结出了一套适合自己的设计方法和思维体系。接下来的办公空间设计课则被视为第一门带有公共空间属性的室内设计课程，其目的是研究人的群体行为与空间形态之间的关系，课程鼓励学生结合当下的社会背景以及行业状况，创造具有革新精神的工作行为方式，使学生在创造的过程中形成个人对社会性的行为模式独特的理解和解决问题的方法。与各门主干设计课程同时配置的设计理论、照明设计、材料学和制图等辅助课程，可以让学生在类型设计训练同时，补充相关必要的理论及技术知识。这些课程在照明设计、材料研究以及数字化工艺等专业实验室的支持下，向学生形象直观的介绍如3D打印、多媒体虚拟现实技术等科技领域前沿的发展和应用。

接下来的四年级第一学期，安排了商业调研和商业设计课程。这门课程与四年级第二学期的餐饮设计课形成了一个连续性的综合教学模式，将商业空间理论与实践设计进行很好地结合，其目标在于不仅让学生在审美、设计技巧等层面上得到训练，而且在知识结构上超越通常意义的室内设计内容，让学生深入到社会层面，从历史、人文、经济、心理等不同角度去研究设计形态的发展逻辑及其所包含的内在价值观和经济驱动力等深层隐性因素。经过三四年级的类型设计课程训练，五年级的整个学年是作为毕业设计创作的时间。毕业设计创作采用工作室制，学生会被分组分别进入不同的工作室，并由各自工作室的多位教师所组成的导师组进行辅导。毕业创作的选题与深度体现了美院学生的综合水平，涉及到学生从一年级到四年级所学习的各个层面的知识点。经过一年的毕业设计创作，学生需要面对更大的空间尺

表 4-6 2015～2016 学年中央美术学院建筑学院 室内专业 第一学期课表

日期		8.31	9.7	9.14	9.21	9.28	10.5	10.12	10.19	10.26	11.2	11.9	11.16	11.23	11.30	12.7	12.14	12.21	12.28	1.4
周数		1	2	3	4	5	6	7	8	9	10	11	12	13	14	15	16	17	18	19
三年级	1/4 下午	抗战纪念日假期	室内设计3-旧建筑改造								室内设计1-居住空间室内设计									
	2 下午		室内设计风格与流派（6次）						室内色彩设计（6次）						室内手绘技法表达（6次）					
	3 上午			世界近现代建筑史（12次）									当代建筑思潮与流派（8次） / 建筑物理（8次）							
	5 上午		室内材料材质设计																	
四年级	2/5 上午					室内光环境设计														
	1/4 下午					室内设计4-现当代城市消费空间研究							室内设计5-城市消费空间设计							
	2 下午										建筑设备（10次）									
	3 上午		室内设计的流变、演进与前瞻（6次）												设计表达（电脑技法）（6次）					
五年级			工作室课题设计、快题设计（各工作室自行安排时间）																	
	1/4 上午					室内光环境设计														

表 4-7 2015～2016 学年中央美术学院建筑学院 室内专业 第二学期课表

日期		2.22	2.29	3.7	3.14	3.21	3.28	4.4	4.11	4.18	4.25
周数		1	2	3	4	5	6	7	8	9	10
三年级室内	1/4 下午	室内设计2（办公空间）								专业写生调研	
	2/5 上午	中国古代建筑史									
四年级室内	1/4 上午	室内设计6（餐饮空间室内设计）								室内施工图设计	

表 4-8 2015～2016 学年中央美术学院建筑学院 室内专业 第三学期课表

	日期	5.2	5.9	5.16	5.23	5.30	6.6	6.13	6.20
	周数	1	2	3	4	5	6	7	8
一年级	2/5 上午	建造基础1							
	3 上午	现当代建筑与城市赏析							
	1/5 上午					造型基础2			
	5 下午	景观设计概论							
二年级	2/4 下午	建筑数学			形式研究	快题设计（分专业）			
	5 下午	筑力学与结构体系							
三年级	1/4 下午 城市／景观 方向限选					中外城市建设史			
四年级		设计机构实习							

度、空间密度以及更复杂的空间功能，在调研、策划、设计、表达等各方面形成一套完整的工作成果，得以让学生在一个新的维度上进行设计综合的训练。[1]

随着课程体系的调整和教学模式的转变，使得各院校室内设计专业教学的视野得到了进一步的拓展，也因此获得了新的学术资源的支撑。在景观、建筑和室内各专业相互融合的总体趋势影响下，各院校在景观、建筑和室内各专业之间可以共享的课程越来越多，专业曾经固有的边界也趋于淡化。

4.2.2 设计思维训练与过程教学模式的转型

在数字化设计表达和辅助设计工具的不断冲击下，手绘效果图也已逐步由室内设计专业的"核心技术"蜕变为设计表达和设计辅助的众多常规工具之一。大多数设计院校在建筑学专业的影响下逐步把室内设计课程训练的重心从视觉性的风格样式研究向包含时间性的空间体验研究方面进行调整，后者显然触及到了空间中人的行

①傅祎. 脉络立场视野与实验——以建筑教育为基础的室内设计教学研究[D]. 北京：中央美术学院，2013.

为、需求和体验等更接近室内设计本质的内容。人们也因此逐渐意识到，这些隐含在视觉语言背后的非视觉性因素往往是设计构思和创意的深层次来源。这些内容显然无法简单的从参考资料图片中抄袭而来，而是需要通过对使用人群进行深入的观察、记录、分析，对过往案例全面的比较研究以及设计者自身的空间经验相结合，方能窥其端倪。这也同时意味着，对室内设计专业认知和课程体系的调整，势必引发该专业整体的思维方式和工作方法的相应变化。

以清华大学美术学院环境艺术设计系为例，在世纪之交进行第一次教学转型之际，在保持总体课程结构和课程名称不变的前提下，增加了"设计概念表达"、"空间概念"等专项的设计思维训练课程。此外，在几乎所有专业设计课程的教学导向和思维训练的内涵方面，均发生了较为深层次的变化，即从较为模式化、类型化的功能流线组织及其形象关联的设计思维模式向以调研分析为基础探寻课题本质特殊性的核心概念及其特色解决方案的模式转变。[1]与此同时，关于当代建筑与环境理论、建造技术和实践以及其他人文社会科学等学科的课程内容也以多种形式逐渐的向原有教学体系中扩充和渗透，使学生获得了更为综合多元的设计构思来源和多样的设计工具和方法。[2]新的教学思路力求培养学生发现问题、分析问题和解决问题的综合能力和相应的工作方法。因为学时所限，课程安排难以让学生接触多种不同功能类型的空间设计问题。但课程通过对学生基本能力和工作方法的训练，使得学生即使在面对从未接触过的设计问题时，也能通过实际调研、资料查询等方法和途径，在短时间内对设计面临的问题进行较深入的分析和判断，进而提出相应的解决方案。设计专业在校学生经多年传统绘画训练所培养的造型和审美能力尽管仍然是专业竞争力的重要基础，但它已由直接的显性因素逐渐退变为内在的隐性因素，娴熟的绘画技巧训练也让位于对艺术直觉的敏感性的培养。

此外，广州美术学院也在持续不断的改革中尝试完善自己的教学体系。在实际的教

①苏丹. 环艺教与学（第一辑）[M]. 北京：中国水利水电出版社，2006.
②郑曙旸. 室内设计思维与方法[M]. 北京：中国建筑工业出版社，2003.

学实践中，延续从实践出发的教学传统，结合地方性的文化资源，提出以"日常生活"为基础经验和服务目标的"现实主义"教学理念。要求学生积极关注身边生动、鲜活、充满细节的日常生活，反对程序化的分析和设计过程，强调观察能力的培养以及空间经验的把握和积累，强调经验直觉对日常生活现象的感悟，以加强对来自日常生活的原创力量的理解，并期望依此形成深具洞察力的个性的设计解决方案。强调设计的"日常与平常"，成为设计教学组织中的一个重要的学术立场。学院鼓励具体的课程题目积极面向"日常生活"中的基本问题，相关设计训练则基于日常生活和真实环境的体验，开展细致入微的设计和营建。教学的组织也因此往往从细微的地方开始，改变观察和思考的角度，贴近生活并保持观念层面的批判性。在教学方法上，则倾向于将设计课定义为一种训练，而不仅仅是设计技能的"教"与"学"。教学的过程从侧重知识的传递转向设计思维、方法的训练，加强基于身体、经验与体验的观察和认识。从数据收集、整理和分析开始，研究、比较并进行尝试，要求过程清晰且具有逻辑性，设计的结果最终是在空间的层面对问题作出某些回应，提出问题的解决办法。[①]

与此同时，由于课程教学的重点在设计思维过程的训练，因此课程的评价标准也就由成果评价向过程评价转移，即关注设计的思维、逻辑和方法优先于最终的设计成果。过程评价意味着设计课程需分成若干个相对独立的阶段，在各个阶段均要求学生完成一些阶段性成果，而最终的设计成果则会与各阶段的成果保持着密切的关联。如果说，20世纪90年代各院校对于设计思维训练的关注更多的落实于"设计素描"、"设计色彩"等造型基础类课程的话，那么21世纪以来更多的室内专业设计课程也开始逐步将设计的概念、思维和逻辑纳入教学训练的重点，将设计过程的讨论、互动和阶段成果纳入课程评价的教学体系之中。

---

①沈康. 艺筑集成 思行并重——广州美术学院建筑与环境艺术设计学院的教学探索[J]. 装饰，2012 (11)：113.

4.2.3 学科交叉与专业视野的拓展

经过了20世纪90年代室内设计教育的人才积累，以及大量海外留学生的回归，设计院校教师的知识结构和生活经历相比上一代教师更为丰富。与此同时，随着多年的教育改革和扩大招生，学生的知识背景也更加多元化，从早期的以艺术类生源为主，逐渐发展到包含艺术类高中和普通高中文、理科等几乎全部类型的高中毕业生。特别是近些年来，各重点设计院校的部分学生文化课入学成绩甚至已经与非艺术类重点大学十分接近。由此可以看出，无论是教师的学术背景，还是学生的知识结构都体现出多样化和综合性的特征。室内设计的专业需求使得从业人员不仅要快速了解和掌握最新的各类资讯，还要学会通过多学科的途径进行合理的知识转化并实现设计创新。这就对室内设计教育提出了新的要求，即不仅要在设计技巧和艺术素养方面对学生进行训练，更要让学生能借助哲学、社会学、语言学、心理学、工程学等多学科的专业成果和工作方法寻找设计灵感的来源，探求设计的本质。

在信息网络化、经济全球化和科技发展的背景下，室内设计的内涵和外延已经得以大幅拓展，仅仅因循着固定的设计程序和固有的设计经验已远远不能满足社会的需求。在学科交叉的背景下，基于不同的专业视角有利于发现新的问题以及寻找新的解决方案。因此，当下设计院校的课程体系不仅注重为学生提供更多跨学科的学习机会以增加多元的知识贮备，而且注重培养学生筛选分析数据信息、整合多学科知识以形成设计创新成果的能力，并且逐步走向以"系统设计"为代表的主动而自觉的跨学科合作。[①]一些设计专业开始整合自身院校资源，调整和补充原有教学内容，在设计方法、设计思维等设计本体的层面上进行变革。近年来包括环境行为学、心理学、社会学、统计学以及当代艺术等多学科因素的融入，使得室内设计专业除去模式化的功能分析、单纯审美层面的视觉和空间塑造之外，开始关注人们复杂的行

① 过伟敏. 走向系统设计——艺术设计教育中的跨学科合作[J]. 装饰, 2005 (07)：5.

为模式、心理欲求、审美观念、个体与群体关系等更为深层而内在的需求和规律。通过对这些层面问题的研究和分析，可以让设计以一种敏锐且具批判性的方式介入当前的社会现实，这无疑又为设计教学增添了一种特别的可能性。

受此影响，很多院校的室内设计专业课程中，课题内容的安排均与当前比较现实的社会需求相联系，并要求学生在进行课程设计的开始阶段，就必须要进行深入的场地和社会人群调研，在充分掌握第一手资料的前提下，再通过进一步的分析和研究，进而梳理出设计需要解决的问题和最终成果的愿景。这一调研活动过程本身即强制性的把学生推出教室，让他们站到鲜活的社会问题的前沿，并在此基础上尝试寻找可行的解决之道。历史学、文化地理学、社会学的系统知识和统计学的分析方法结合田野调查的实践成果，可以为设计创新提供坚实的基础和极具价值的线索。这一点从近年来各院校毕业设计成果所关注的课题方向也可窥其端倪。当然，指望在校学生依据自身极为有限的社会经验和生活能力就可以为复杂的社会问题提出可以立刻实施且行之有效的解决方法显然是不切实际的。但这一类课题的设置无疑在促进学生观察社会、思考社会、参与社会的能力和热情的同时，让他们习惯于通过多种途径以及多学科的介入寻找设计解决方案的工作方法。课题如果设置得当，还可以避免就事论事的局限，为系统性的设计解决方案提供某种创造性的启发，其目标是基于现实而超越现实。

作为跨学科的学术支撑，综合性的高等院校以及在建筑学专业框架下设置室内设计专业的院校在这方面有着一定的学科优势。通过学生跨专业选课以及不同专业背景的学生互动交流，可以整合多专业跨学科的学术资源，以应对较为复杂的实践课题。例如，原中央工艺美术学院并入到清华大学后，环境艺术设计系借助清华大学综合性的学科体系和国际前沿的学术资源，在教学中拓展了室内设计的专业范畴，将建筑、室内、景观、规划进行学科互补与融合，形成宽基础的专业优势。学生不仅可以在美术学院的相关设计专业之间选修课程，还可以依据个人兴趣借助综合性大学的学科平台，在包括工程技术、人文社会科学等更为广泛的学科专业之间进行自由的选课，使得学生的专业视野获得更大拓展，这样不仅可以从交叉的学科资源中获取创新的设计思路，而且为进行跨学科的课题合作提供了更多的可能。

与此同时，当代戏剧、音乐、视觉艺术以及其他相关门类设计专业的实践则从另一个侧面为室内设计提供了养分，这些以艺术化、直觉化的思维方式去回应当前社会所面临的现实问题的创作方法同样给予室内设计专业以启示。在这一方面，无疑艺术类院校有着内在的遗传基因和先天的优势。总之，密切关注当下社会新生的尚处于变动中的需求、矛盾和趋势，是当前室内设计教育实践性和实验性得以保持鲜活和前沿性的基础，也是室内设计教育避免在象牙塔中孤芳自赏、闭门造车的重要途径。例如，中央美术学院建筑学院室内设计专业，虽然依托于学院的建筑学平台，但并不局限于建筑、室内、景观这样的传统建筑领域内的跨学科，而是放眼于整个中央美院的"大美术"艺术氛围，让学生在更为广阔的知识范围体系去思考室内设计的多种可能性。在选修课学期，室内设计专业学生就可以进行服装设计，陶瓷烧制等专业的实践和学习，而雕塑系的学生也可以学习三维动画制作以及剪纸等民间美术技艺。

4.3
设计实践：多层次实践教学模式的探索

随着设计市场的日趋成熟，人们对全方位设计服务的品质要求日益提高，使得设计企业的发展变得越来越专业化，而设计师行业也因此变得日益职业化。多年的室内设计教育和行业的繁荣也培养和训练了大批成熟的室内设计专业人才。因而，在校学生凭借自身十分有限的专业经验和能力以设计师的身份独立承担完成真实设计任务的机会变得越来越少，这一点与20世纪90年代在校学生凭借手绘效果图的"核心竞争力"直接参与实际项目实践的状况有着显著的不同。在这一背景下，室内设计专业在校学生的设计实践活动逐渐以课程为核心，更侧重于通过具有实践性质的课题来达到教学训练的目的，并呈现出越来越强烈的研究性色彩。具体而言，这一时期室内设计专业在校学生的设计实践活动大致呈现为以下几种形式：其一，通过课程教学中安排的制作和操作训练，帮助学生积累对材料、工艺以及搭建等基础设计原理的直接经验，同时培养学生实际的动手能力；其二，通过在课程教学中以多种方式引入职业设计师进行交流、创作和研究，使得实践项目的现实因素和评价体系与课堂教学的评价体系结合起来，对学生的创作价值观形成潜移默化的影响；其三，安排学生到实际的设计和生产企业中进行短期实习，可以为学生未来的职业生涯提供过渡性的专业准备。

4.3.1　注重实践的训练和过程体验

在校学生设计实践教学的重点开始逐步转向对材料、工艺、建构等涉及到设计更为本质内容的体验和认知上来，这些训练无疑更有助于学生摆脱仅凭图纸思考的二维工作模式，同时也更带有实验性和研究性的色彩。各种类型的模型制作和大比例尺的实物建造，对于设计初学者建立直观的感性经验和激发创造力无疑是直接有效的训练方式，并且可以获得富于展示性的实物教学成果，因而在这一阶段很多设计院校的教学实践当中得以大范围推广。这一时期，各设计院校越来越频繁的国际交流对这一观念性的转变也起到了潜移默化的影响。因为在与国际院校进行创作交流的过程中，存在着一个很明显的现象，即境外设计院校的学生普遍徒手绘画的基础都远不如国内学生，但是他们对于材料本身的敏感性以及实物和模型制作的能力却远超我们。画面很美但做出来却令人大失所望是国内学生普遍面临的问题，同样也是当时中国室内设计行业所面临的普遍问题。因此，对教学中学生参与实际操作的强调逐渐成为趋势，甚至被确立为一项基本的教学原则。要求进行模型或实物制作的课程也远远不限于早年间低年级形态构成的基础训练课程，而是几乎涵盖到所有年级的设计类课程之中。[①]室内设计专业教学对实际建构训练的关注无疑是与建筑设计专业的教学和实践是同步的，甚至可以说是更多地受到了后者的带动和影响。尤其是包括参数化等新型数字化设计工具的出现，使得新的设计方法成为形态创新的新的驱动力量。年轻设计师以及在校学生们敏感于新鲜事物的开拓和应用，因而是新型设计工具的最大受益者和最积极的应用者。近年来，很多设计院校都或多或少的将参数化的设计工具引入到具体的课程教学之中，有些还进一步结合实际的建造活动，形成了不少的实践成果。其中，清华大学建筑学院和同济大学建筑与城市规划学院是目前国内在数字化设计和建造的教学、研究及实践方面比较成体系的建筑类院校。而南京艺术学院则是比较系统的将参数化造型工具与实际建造相结合，并纳入自身设计教学体系和项目实践的艺术设计类院校。[②]

然而，对于色彩、材质、工艺和环境气氛的综合创造是除形态建构之外室内设计专业比之于建筑设计专业更为关注的内容。仔细观察可以发现，在室内设计专业的课程要求中，模型与场景搭建并不强调仅限于单一材质的单纯性建构，而是更偏好由多种材质搭配而形成的环境气氛的综合体验和创造，即除了形态的表现力之外还寻

①清华大学美术学院环境艺术设计系作品编撰组．清华大学美术学院环境艺术设计系作品集1[M]．北京：中国建筑工业出版社，2013.
②詹和平，徐炯．以实验的名义：参数化环境设计教学研究[M]．南京：东南大学出版社，2014.

求材质及环境氛围的整体表现力，进而通过更为多样的环境要素实现对某种主题和意义的阐释。自2007年至今，由清华大学美术学院发起、国内外众多设计院校参与的"创意未来——装饰材料创作营"，即是以短期设计工作坊的形式在这方面进行的一个有益的尝试。持续近十余年的创作营活动结合学生的暑期实习课程，积累了不少的实践成果。该实践教学活动除了关注材料基本的形态和建造逻辑之外，同样关注对材料自身艺术和情感表现性的挖掘，从而使学生在实际的操作过程中能够更综合的理解材料特性及其内在潜力。[①]

4.3.2 职业设计师资源的引入

通过多种途径增加在校学生与优秀的职业设计师和设计机构的接触交流机会，更是可以让学生逐步了解未来的职业状况的带有实践性质的教育手段。尽管在校学生以独立设计师的身份直接面对投资方和施工方的机会越来越少，但由于室内设计行业的繁荣使得他们有更多的机会以各种直接和间接的方式借助专业设计公司的企业平台接触到现实的设计项目。目前，专职教师与职业设计师进行联合课程辅导也是经常被采用且行之有效的一种教学形式。在课程中，专职教师由教学主体转变为教学的组织者，这样既可以将当前真实的甚至前沿的行业需求和成果带入课堂，又可以维持课程内容和教学目标的连贯性，达到一举多得的目的。在实际的操作中，这类实践会以讲座、座谈、短期设计工作坊、合作课题研究、综合评图及企业实习等多种形式得以落实。目前，很多院校会在设计课程中邀请国际和国内优秀的职业设计师参与进来，通过专题讲座、辅导交流、综合评图等教学环节把实践项目的现实因素和评价体系与课堂训练的评价体系结合起来，对学生的创作价值观形成潜移默化的影响。

①杨冬江. 材料物语—环境艺术设计教学与社会实践[M]. 北京：中国建筑工业出版社，2008.

由校外专家和设计师主持的短期设计工作坊也是经常被采用的实践教学方式。这一类设计工作坊可以在比较短的时间内，以工作坊导师持续关注的某一特定问题为目标，在团队协作的模式下进行专注且高强度的头脑风暴，往往会得出意想不到的创造性成果。对职业设计师的引入同时意味着对当前真实的社会需求以及设计师持续关注的较为前沿的专业问题的引入，使得同学们对行业的一些最新动态保持敏感和一定程度的参与。在共同工作的过程中，学生对于职业设计师所关注的问题及其思考方式和工作方法都会有一个比较近距离的了解，这些经历无疑都会为学生今后的职业发展提供启示。

4.3.3　设计与实践的高度融合

安排学生到设计或生产企业进行设计实践是大多数高校多年延续的传统，无疑是在校学生最为直接的参与专业实践的方式。很多院校都通过与一些比较有技术实力的生产企业进行合作，建立长期固定的实习基地。在这一类实习期间，一般情况下学生首先需要了解实际的生产工艺，然后再基于生产企业的技术能力进行设计创作，并参与完成最终的成果制作，而教师也往往在实习过程中直接参与组织和管理。清华大学美术学院环境艺术设计系近年来就与多个家具生产企业合作建立了实习基地，取得了很好的教学成果。还有一类实习是由学生自主选择设计企业进行实习。其目的是让学生直接参与到设计企业的日常工作之中，在短期内初步体会未来职业的真实状态，也同时为毕业后的择业做适当的准备。需要引起注意的是，近年来尤其是高校扩招以来，很多设计院校因为师资力量不足，倾向于以实习的名义将尚未毕业的学生较长期地（往往至少半年以上）推送到社会中去而疏于管理，这些以实习名义离开学校的学生很多尚不具备基本的专业能力，但事实上已经处于完全的就业状态。这种做法完全背离了实践教学的初衷，变相推卸了学校应承担的教育责任，是应该予以严格杜绝的。

进入21世纪以后，室内设计教学的实践性内容呈现出与之前时期非常不同的特征，尤其是在对实践性的理解方面。过去的设计实践教学是以市场的具体项目需求为导向的，是将课程的设计课题直接与实际的工程项目进行对接。这一做法虽然非常贴近市场的具体需求，但缺乏专业学习的系统性。而随着设计市场的不断完善，室内设计专业在校学生的设计实践逐渐转向以教学为核心，通过对材料、工艺、建构等涉及到设计更为本质内容的基础训练，通过基于系统性社会现实问题的观察与思考，同时借助多层次的企业平台以及和优秀职业设计师多种形式的互动交流，在系统性教学体系的框架下尽可能的增加设计实践的机会，提高学生解决实际问题的能力，为将来的职业生涯打好基础。

4.4
学术研究：室内设计教育研究的发展与瓶颈

4.4.1　专业设计理论的进一步构建

21世纪以来，填补室内设计史论空白、风格流派梳理和历史观建立成为这一时期理论建设的特点和重点。老一辈的教育家在各自的教学实践中总结出了许多宝贵的经验，以此为基础出版了一批重要教材及理论书籍。另外一些年轻的学者，在20世纪90年代初毕业、留学，或走向实践，或走向理论研究领域，他们总结实践经验、理论思考日趋成熟，先后编纂了一系列以学科基础规律、设计方法论和中外设计史对照的重要教材及理论著作。

从室内设计教材建设而言，这个时期的教材百家争鸣，鲜少具有如同1991年中央工艺美术学院出版的《室内设计资料集》一样，具有统一影响力的书籍教材。这与同时期网络传播快速发展、行业案例快速积累和对外学术交流日益密切的社会大背景密不可分，教材自身的定义被拓展，不仅仅是教育工作者所写、所著的文章与书籍才能成为教学资料，具有行业影响力的设计机构、设计师个人也开始注重设计方法的整理与构建属于其机构以及设计师个人的学术理论。

4.4.2　专业教学相关研究的缺失

从1999年至今的专业发展过程中，随着学术研究的信息化、规范化和制度化，室内设计相关论文也出现了一个量与质的飞跃。根据万方数据库收录的论文数据统计，从1999年开始，每百万期刊命中25篇关于室内设计的文献，到2016年为止，每百万期刊论文命中264篇室内设计文献，从数量级上看增长了10.5倍，数量最多的2015年，每百万期刊论文命中337篇室内设计文献。

虽然室内设计研究的论文越来越多，但相关的论文中以教学本身为着眼点的相关研究论文却是偏少的，根据万方数据库统计，每年期刊发表将近300篇与室内设计相关的论文，但与室内设计教育相关的论文仅有两至三篇，部分年份更是一篇都没有。室内设计教育研究相对缺失的事实应该得到相关教育工作者的重视。教学相关的研究论文主要以某一类型的基础课程或室内课程为主，具体阐述该课程的教学目的、教学组织以及教学成果。而以整体性专业教学组织、课程架构和学科系统性为研究对象的论文每年不超过 2 篇。

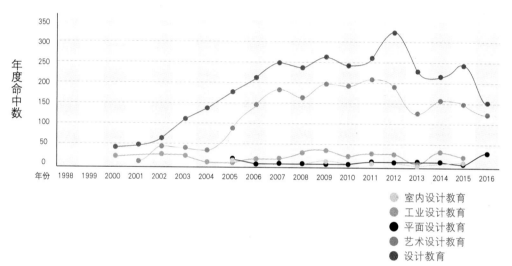

图4-2 室内设计教育与其他设计学科比较

中国室内设计教育现状调研与发展评析

5
中国室内设计教育现状调研与发展评析

室内设计专业在新中国高等教育的发展历程中，经历了由"美术类"专业源起再到各个类型高校遍地开花的发展过程。经过2011年3月国务院学位委员会和教育部修订的《学位授予和人才培养学科目录（2011年）》的调整，建筑学（编号0814）作为一级学科归属工学门类，设计学（编号1305）作为一级学科归属艺术学门类。环境艺术设计专业名称调整为环境设计，成为设计学一级学科下的二级学科。2012年公布的由教育部高等教育司主持的《普通高等学校本科专业目录和专业介绍（2012年）》中也出现了调整，在"学科门类"下分"专业类"，"专业类"下分为"专业"。"建筑学"（编号082801）作为专业属"建筑类"（编号0828）上溯为"工学门类"，"环境设计"（编号130503）提升为专业属"设计学类"（编号1305）上溯为"艺术学门类"。以此为背景，"室内设计"作为专业方向同时在建筑和环境设计两个不同的学科下发展，目前我国室内设计专业也主要分布在高校的艺术学科院系和建筑学科院系中。

5.1
中国室内设计教育现状调研分析

5.1.1　调研数据与基本依据

根据我国高等教育的组织构架，本研究的调研范围主要包括中国大陆地区的本科院校和专科院校。本次调查的数据来源于教育部高校招生阳光工程指定平台《全国普通高校、院校信息库》，各高校的招生专业数来源于2017年招生计划库（其中不包含军事院校和港澳台高校）。主要关注与分析的内容是所有高校官方网站的专业介绍以及招生简章，涵盖本科院校1243所，专科院校1388所，共2631所院校。[①]

"专业"概念的统计界定方法

由于室内设计的专业名称在发展过程中经历了多次转变，各个高校在专业名称的设定上可能会略有差异。同时，室内设计专业在发展过程中的专业结构也进行过相应调整，逐渐演变成为环境艺术设计的一个专业方向，因此在调研和统计过程中需对专业名称进行统一界定。

在本调研中，室内设计专业是指明确开设了"室内设计"专业，设置室内设计（或命名为"室内装修"、"室内装饰"、"室内空间设计"）的专业系、专业方向或者研究单位。室内设计专业方向，是指开设环境设计、环境艺术设计、建筑学（或命名为"建筑艺术设计"、"建筑与城市规划"、"建筑与环境艺术"）的专业教学单位，并明确其中包括室内设计专业方向及相关课程。

调研方法

本次调研主要采取了文献和资料分析以及问卷调研等方式搜集和分析数据。文献和资料分析的信息主要来自于各高校的官方网站以及教育机构和教育管理部门的统计数据。为了解典型高校的学科发展过程，对100余所高校进行了问卷调研，得到了有效问卷79份。问卷设计的依据主要是关于室内设计专业的客观性信息，涉及课程结

---

①数据整理自教育部官网。

构、师生基本信息及师生互动等。

5.1.2 室内设计教育规模化发展的格局

超半数高校开设室内设计专业

根据2017年统计数据，全国2631所高校中有1516所高校开设了室内设计专业，开设
该专业的比例近60%。在所有开设室内设计专业的高校中，53%为本科院校，47%为
专科院校。其中1243所本科高校中有806所开设了室内设计专业方向，占比为65%，
1388所专科高校中有710所开设了室内设计专业，占比为51%（图5-1、图5-2）。

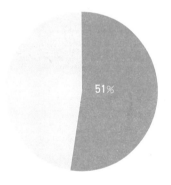

图5-1　全国1219所本科院校中有806所开
设室内设计专业，比例为65%

图5-2　全国1388所专科院校中有710所开
设室内设计专业，比例为51%

开设室内设计专业的高校类型多元

我国高校类型的划分，按照办学层次，包括"985工程"院校、"211工程"院校、
中央部属本科院校、省属本科院校、高职（高专）院校等。按照高校所属的学科范
围划分，包括综合类、理工类、师范类、农林类、政法类、医药类、财经类、民族
类、语言类、艺术类、体育类等。室内设计专业广泛分布在各类型、各层次高校
中，除我们通常认为较多开设艺术设计学科的综合类、艺术类、师范类、农林类高

校，甚至在语言类、医药类、体育类、政法等高校类型中，也在开展室内设计专业教学。

开设室内设计专业的高校地域分布广泛

从地域分布来看，开设室内设计专业院校的地理分布基本与中国高校的总体分布一致。其中，华东地区开设室内设计专业的本科和专科高校数量最多，而华中地区的高校中开设室内设计本科专业的院校比例最高，华南地区的高校中开设室内设计专科专业的院校比例最高（图5-3、图5-4）。

我国的东、中部是室内设计教育的集中地区

在省一级的层面，开设室内设计专业的高校基本正比于该地区的高校数量，具体分布示意图所示。从全国范围来看东部地区和中部地区室内设计的教育普及率更高，基本与高校数量、人口规模以及经济发展程度相一致，开设室内设计专业本科教育最多的省份是湖北、江苏、广东、河南和山东等，开设室内设计专业专科教育最多的省份是江苏、广东、河南、湖北、安徽等，基本集中在中部和东南沿海省份（表5-1）。

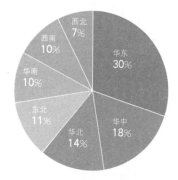

图5-3 全国各地区开设室内设计专业本科高校数量（比例）

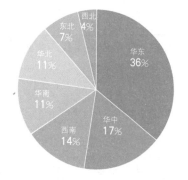

图5-4 全国各地区开设室内设计专业专科高校数量（比例）

138

表 5-1 各省份高等院校开设室内设计专业（方向）的统计，统计时间截止到 2017 年 5 月

省级行政区域		本科高校数量	本科高校开设专业数量	专科高校数量	专科高校开设专业数量
华东	山东	67	44	78	37
	江苏	77	50	90	70
	上海	38	17	26	22
	浙江	59	37	48	19
	安徽	45	32	74	38
	福建	37	26	52	32
	江西	43	36	57	35
华南	广东	64	46	87	52
	广西	36	28	38	24
	海南	7	5	12	6
华中	河南	55	47	79	45
	湖南	51	40	73	32
	湖北	68	55	61	42
华北	北京	67	21	25	9
	天津	30	18	27	9
	河北	61	42	60	37
	山西	33	18	47	14
	内蒙古	17	12	36	8
西北	宁夏	8	3	11	4
	青海	4	0	8	0
	陕西	55	36	38	10
	甘肃	22	15	27	9
	新疆	18	5	29	6
西南	四川	51	32	58	32
	重庆	25	15	40	32
	贵州	29	12	41	19
	云南	32	23	45	14
	西藏	4	0	3	0
东北	辽宁	64	37	51	19
	吉林	37	26	25	8
	黑龙江	39	28	42	26

5.1.3 本科室内设计专业开设的特点

室内设计专业广泛分布于各专业类型高校

教育部现行的高校类型划分方式，主要依据高校各学科门类的比例（教育部高校招生阳光工程指定平台将院校分为综合、工科、农业、林业、医药、师范、语言、财经、政法、体育、艺术、民族共12类）。根据2017年教育部高校招生阳光工程指定平台对高校的分类统计，根据统计得出开设室内设计专业的本科院校数量和院校类型如图5-5所示：

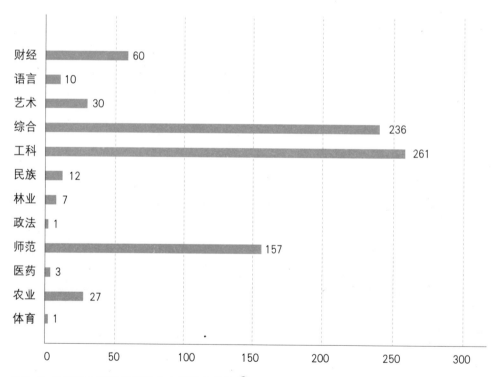

图5-5 各类型本科高校开设室内设计专业数 ①

---

① 高校类型依据教育部阳光高考指定网站高校分类方式。

尽管室内设计专业通常被列入艺术类学科，但是在专业分布上并不存在明显的类型差异。由于理工类高校、综合类高校和师范类高校在数量上占据较大比例，因而开设室内设计专业最多的也是这三类学校。

艺术与建筑的双重学科背景

室内设计专业在新中国高校的发展历程中，经历了由艺术类专业源起、再到各个类型高校遍地开花的发展过程。如今，尽管院校严格意义上的所属类型细分不同，但室内设计专业主要分布在各高校的艺术学科院系和建筑学科院系中。

为了更清楚的了解室内设计专业所处教学单位的分布情况，我们将高校分类简化为"艺术院校"和"综合院校"两大类。其中"艺术院校"是指"独立设置的本科艺术院校"，例如中央美术学院；综合院校是指除"艺术院校"以外的其他院校，通常开设多种学科专业，包括含有艺术类专业且归类为其他类型的院校，例如清华大学设有美术学院，教育部将清华大学归类为工科类型高校。文中定义划分为综合院校，也包括不含有艺术类专业的其他类型高校。

由于室内设计专业与艺术和建筑学科最为密切，根据室内设计专业所处教学单位的学科背景特点，将"综合院校"归纳出三个类别，分别为"综合建筑背景"、"综合艺术背景"以及未能归类的"综合其他背景"。

在对806所开设室内设计专业的高校进行调研分析后，我们分析得出：44所"艺术院校"中有30所院校开设室内设计专业；在综合院校建筑背景中，有35所开设室内设计专业；在综合艺术背景院校中，有734所开设室内设计专业；而综合其他背景院校中，有7所开设该专业（表5-2）。

表 5-2 开设室内设计专业不同学科背景的院校数量（本科）

	本科院校类别			
	艺术院校	综合建筑背景	综合艺术背景	综合其他背景
高校数量（总）	44	469	890	236
开设室内设计专业高校数量	30	35	734	7

艺术背景是室内设计教育的主流

据上述统计方法，95%的室内设计专业开设在"艺术背景"院校，其中包括：综合院校中的艺术背景为734所（91%），独立艺术院校的30所（4%）（表5-3），建筑背景仅为4%（图5-6）。

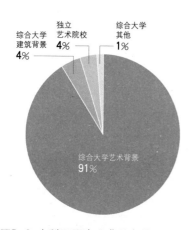

图5-6 本科不同专业背景高校开设室内设计专业（方向）的比例

表 5-3 独立艺术院校专业开设情况

序号	院校名称	学院（系别）名称	专业方向
1	中央美术学院	建筑学院	室内设计
2	中国美术学院	建筑艺术学院	环境设计
3	天津美术学院	环境与建筑艺术学院	环境设计
4	鲁迅美术学院	建筑艺术设计学院	环境设计
5	湖北美术学院	环境艺术设计系	室内设计
6	广州美术学院	建筑艺术设计学院	室内设计
7	四川美术学院	建筑与环境艺术学院	环境设计
8	西安美术学院	建筑环境艺术系	室内设计
9	河北美术学院	环境艺术学院	环境设计
10	山东工艺美术学院	建筑与景观设计学院	室内设计
11	南京艺术学院	设计学院	室内设计
12	吉林艺术学院	设计学院环境艺术设计系	室内设计
13	山东艺术学院	设计学院	环境设计
14	山西传媒学院	艺术设计系	环境艺术设计
15	广西艺术学院	建筑艺术学院室内设计系	室内设计
16	大连艺术学院	艺术设计学院	环境设计
17	云南艺术学院	设计学院	室内设计
18	新疆艺术学院	美术系	环境设计
19	云南艺术学院文华学院	艺术设计系	环境设计
20	江西服装学院	艺术与传媒分院	环境设计
21	吉林动画学院	设计学院	室内设计
22	上海视觉艺术学院	设计学院	室内设计
23	四川文化艺术学院	美术学院	室内设计
24	中国传媒大学南广学院	艺术设计学院	环境设计
25	北海艺术设计学院	环境艺术学院	室内设计
26	武汉传媒学院	设计学院	环境设计
27	四川传媒学院	艺术设计与动画系	室内设计
28	辽宁传媒学院	城市设计学院	建筑室内设计
29	河北传媒学院	艺术设计学院	环境设计
30	四川音乐学院	成都美术学院环境艺术系	室内设计

室内设计专业所在教学机构名称的描述性分析

为了更系统地分析室内设计专业设置的情况，我们采取词频分析的方法对全国各类高校中开设室内设计专业的机构（院、系、所等）名称设置进行描述性统计分析。

首先以艺术、设计、建筑、美术、工程和人文作为关键词对专业名称的学科概念进行分析，结果显示在本科和专科的专业名称中，"艺术"和"设计"是最核心的学科概念，这与当前室内设计教育总体布局在艺术类学科中相一致。与此同时，本科与专科在学科概念上也有明显的差异。本科专业概念以"艺术"和"设计"为核心，其他专业概念的比重都比较低。专科专业设置中，除了上述两个关键概念之外，"建筑"和"工程"两个概念的比重也较为凸显，表明在专科学校中室内设计教育的实践性色彩较为凸显，这与专科教育的总体定位相一致（表5-4）。

在室内设计专业的发展过程中专业行为作用的范畴也经历了复杂的演变，总体上呈现出由室内到室外、由局部到系统、由建筑到环境的变化趋势。以"环境"、"建筑"、"城市"、"园林"、"室内"和"景观"为关键词对专业名称进行分析，可以发现本科教育中"环境"已经成为最主流的范畴概念，其次是"建筑"，而其余概念则与这两个概念之间有显著差异，明确以"室内"专业命名的院校仅剩余2所。与本科专业形成了鲜明的对比，专科教育中"建筑"这一范畴占据了极大的比例，"环境"次之，但数量差距较大，其他概念则与"建筑"概念有数量级的差别。分析结果呈现出专科院校中，室内设计专业以"建筑"为核心范畴概念。另外，专科所在教学单位的专业分布更加广泛和多元，例如涉及到信息、计算机、人文、传媒等，体现出室内设计专科教育专业设置的多样性（表5-5）。

综合上述三个方面的调研结果，可以发现室内设计教育已经广泛分布于全国各类高校中，分布比例大致与各类高校在高校总数中的占比一致。从室内设计所属的专业背景来看，绝大多数室内设计专业被设置在艺术类院系中，这与设计学升级为一级学科之前的专业门类划分高度一致。在专业定位上，本科教育更多倾向"环境"概念，专科较突出"建筑"概念，反映出两类教育定位的差异。

表5-4 基于学科概念的分析统计

	本科	专科
艺术	523	383
设计	361	202
建筑	62	121
美术	81	26
工程	24	140
人文	24	31

表5-5 基于范畴概念的分析统计

	本科	专科
环境	100	25
建筑	62	121
城市	11	6
园林	11	5
室内	2	0
景观	1	0

综合进行关键词分析，如下表所示（表5-6）。本科室内设计专业的专业属性以"艺术"为核心，"设计"次之，体现出室内设计教育最基本的专业定位和价值取向仍为"艺术"。

表5-6 基于关键词概念的分析统计

关键词	频次	关键词	频次
艺术	523	人文	24
设计	361	工程	24
艺术设计	200	园林	11
美术	181	城市	11
环境	100	土木	6
建筑	62	室内设计	2
环境设计	54	室内	2
环境艺术	44	景观	1
环境艺术设计	26		

5.1.4 专科室内设计专业开设的特点

专科院校专业开设按学科范围分类数据：根据2017年教育部高校招生阳光工程指定平台对高校的分类统计，我们统计得出开设室内设计专业的专科院校数量和院校类型如下图所示（图5-7）：

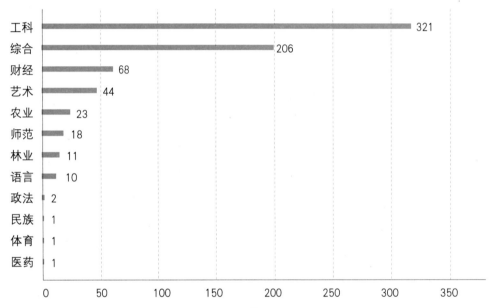

图5-7 各类型专科高校开设室内设计专业数量 [1]

可见，室内设计专业广泛分布于各专业类型的专科高校。开设室内设计专业数量最多的专科院校分别是工科类、综合类、财经类和艺术类。其中，工科类院校和综合类院校的占比非常突出，体现出高职教育应用型导向的主要特点。

对室内设计专业所在教学单位进行关键词综合分析，可以发现"艺术"、"设计"是最核心的概念，与本科教育专业特点一致。除此之外，本专科教育的差异也比较明显。例如专科室内设计教育中"工程"和"建筑"特色突出，呈现出专科教育以工程和建筑为目的的实践性教育特色（表5-7）。

①高校类型依据教育部阳光高考指定网站高校分类方式。

表 5-7 基于关键词概念的分析统计

关键词	频次	关键词	频次
艺术	383	美术	26
设计	202	环境	25
艺术设计	152	环境艺术	19
工程	140	计算机	19
建筑	121	技术	19
信息	54	土木	7
传媒	51	装饰	7
人文	31	环境艺术设计	6

5.1.5　室内设计教育现状的抽样分析

为深入分析国内高校室内设计教育发展的现状，本次调研在全国范围内对开设室内设计专业（方向）的本科、专科院校进行了抽样分析，共发出问卷100份，收回有效的问卷79份，其中本科院校70所，专科院校9所。调研的主要问题涉及到学科建设、发展的基本情况，师生的基本信息以及教育过程中的典型问题。

表 5-8 问卷基本框架

专业信息	教师情况	学生情况	课程情况
高校名称	职称结构	入学背景	课程人数
院校类型	年龄结构	毕业去向	海外交流
系别名称	学历背景		专业课表
培养目标	专业背景		
创设时间	留学背景		
授予学位	外聘人数		

为便于各高校的对比分析，我们尽可能提取专业教育的关键因素，将调研问题归整，调研框架涵盖专业信息、教师情况、学生情况以及课程情况（表5-8）。整个调研得到了近百所高校的支持，但由于回收的问卷，部分数据缺失或者不能完全对应问题，我们去除无效或者部分无效问卷数据之后，对79个有效问卷进行了分析，试图能以此结果引起同行对于专业教育数据的共鸣（表5-9、表5-10）。但由于回复问卷的教师，可能主观存在填写信息不准确的可能，因此不可避免存在些许的误差。

表 5-9 抽样高校专业类型分布情况

院校类型	开设室内设计专业院校数量
工科	24
综合	20
艺术	16
师范	10
农业	3
林业	2
民族	2
财经	1
语言	1

表 5-10 抽样本科院校室内设计专业背景分布情况

专业背景	开设室内设计专业院校数量
艺术院校	12
综合艺术背景	49
综合建筑背景	9

专业设置基本情况

专业开设时间

在抽样的79所高校中，只有清华大学美术学院（原中央工艺美术学院）的室内设计专业成立较早，其他院校的室内设计专业基本都在20世纪70年代末期才逐步建立，20世纪90年代之后进入了高校设立室内设计专业（方向）的高峰期，专业设置的浪潮一直持续到了21世纪初（图5-8、表5-11）。室内设计教育的大规模建立与改革开放之后国内高等教育的快速发展息息相关，此后由于包括高校扩招等因素的推动，室内设计专业进入了一个蓬勃发展的时期，越来越多的高等院校开始开设室内设计专业，形成了室内设计专业规模化发展的总体趋势。

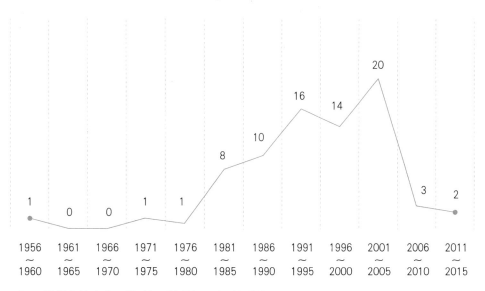

图5-8 抽样高校专业开设时间（每5年一个时间段）

表5-11 抽样高校专业开设时间

时间	高校名称	专业创设时间（年）	本科	专科
1949～1980年 4所	清华大学	1957	✓	
	湖南科技职业学院	1973		✓
	福州大学	1975	✓	
	湖北工业大学	1978	✓	
1981～1990年 18所	天津美术学院	1984	✓	
	上海大学	1984	✓	
	南京艺术学院	1984	✓	
	中国美术学院	1984	✓	
	江南大学	1985	✓	
	山东工艺美术学院	1985	✓	
	湖北美术学院	1985	✓	
	云南艺术学院	1985	✓	
	鲁迅美术学院	1986	✓	
	东南大学	1986	✓	
	广州美术学院	1986	✓	
	西安美术学院	1986	✓	
	长沙学院	1987	✓	
	同济大学	1987	✓	
	北京城市学院	1987	✓	
	长沙理工大学	1988	✓	
	汕头大学	1988	✓	
	北京建筑大学	1990	✓	
1991～2000年 30所	中南林业科技大学	1990	✓	
	海南大学	1991	✓	
	北京工业大学	1991	✓	
	四川美术学院	1992	✓	
	贵州大学	1992	✓	
	中央美术学院	1993	✓	
	哈尔滨工业大学	1994	✓	
	哈尔滨师范大学	1994	✓	
	广东工业大学	1994	✓	
	深圳大学	1994	✓	
	湖南大学	1995	✓	
	四川大学	1995	✓	
	北京服装学院	1995	✓	
	浙江工业大学	1995	✓	
	武汉理工大学	1995	✓	
	西安建筑科技大学	1995	✓	
	湖南工艺美术职业学院	1996		✓
	洛阳理工学院	1996	✓	

时间	高校名称	专业创设时间（年）	本科	专科
	长沙民政职业技术学院	1997		✓
	广东轻工职业技术学院	1997		✓
	东华大学	1997	✓	
	北京联合大学	1997	✓	
	苏州科技学院	1997	✓	
	广东石油化工学院	1997	✓	
	广西艺术学院	1998		
	大连理工大学	1998	✓	
	北京林业大学	1999	✓	
	天津大学	1999	✓	
	北方工业大学	2000	✓	
	贵州民族大学	2000	✓	
2001～2010 年 25 所	东北师范大学	2001	✓	
	黑龙江大学	2001	✓	
	烟台大学	2001		✓
	贵州师范大学	2001	✓	
	广东岭南职业技术学院	2001	✓	
	北京理工大学	2002	✓	
	北京交通大学	2002	✓	
	山西大学	2002	✓	
	北京工商大学	2002	✓	
	北京师范大学	2003	✓	
	湖南师范大学	2003	✓	
	首都师范大学	2003	✓	
	顺德职业技术学院	2003		✓
	中华女子学院	2004	✓	
	四川国际标榜职业学院	2004		✓
	北京农学院	2004	✓	
	仲恺农业工程学院	2004.	✓	
	重庆工商职业学院	2004.9		✓
	长江师范学院美术学院	2005.7	✓	
	中央民族大学	2005.9	✓	
	云南师范大学	2005.9	✓	
	西北农林科技大学	2005.9	✓	
	中国计量学院	2007.9	✓	
	天津大学仁爱学院	2008.9	✓	
	南京晓庄学院	2010.9	✓	
2011～2015 年 2 所	重庆艺术工程职业学院	2011.9		✓
	昌吉学院	2014	✓	

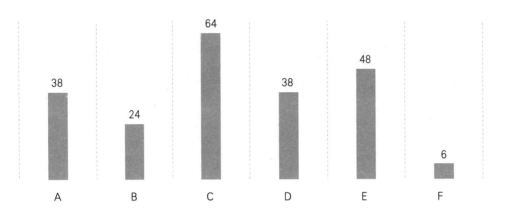

A. 培养熟练掌握计算机绘图、装饰工程设计、施工技术，适应市场需求的职业技能人才
B. 培养具备较强项目策划、设计服务与经营管理能力的管理型人才
C. 具有良好的综合素质、较强实践能力和创新精神综合型高级设计人才
D. 培养具有国际视野、宽厚理论知识，富有创新和思辨精神的研究型人才
E. 培养能够在设计机构、企事业单位和高等学校从事设计、管理、教学、科研，具有多种职业适应能力的
　 行业中坚力量和领军人才
F. 其他（请填写）

图5-9 抽样高校培养目标分析（本科）

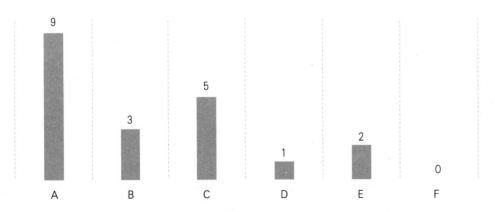

A. 培养熟练掌握计算机绘图、装饰工程设计、施工技术，适应市场需求的职业技能人才
B. 培养具备较强项目策划、设计服务与经营管理能力的管理型人才
C. 具有良好的综合素质、较强实践能力和创新精神综合型高级设计人才
D. 培养具有国际视野、宽厚理论知识，富有创新和思辨精神的研究型人才
E. 培养能够在设计机构、企事业单位和高等学校从事设计、管理、教学、科研，具有多种职业适应能力的
　 行业中坚力量和领军人才
F. 其他（请填写）

图5-10 抽样高校培养目标分析（专科）

从培养目标的角度来看，本科和专科室内设计教育的侧重点有明显的不同，这也体现出了这两种教育层次的内在差异。本科教育培养目标突出的维度是培养具有良好的综合素质、较强的实践能力和创新精神综合型高级设计人才，强调了综合型、实践性与创新性；其次是培养能够在设计机构、企事业单位和高等学校从事设计、管理、教学、科研，具有多种职业适应能力的行业中坚力量和领军人才，强调培养学生在室内设计行业中的适应性与前沿性。另外，技能操作层面和创新研究能力也是本科教育目标中的重要组成。以上特点综合体现出了室内设计本科教育综合型和创新型的培养导向。室内设计专科教育的培养方案与本科教育形成了鲜明的对比，其突出特点是培养具有熟练操作技能的职业技能人才，这也符合专科教育的基本定位（图5-9、图5-10）。

师资结构

本科院校教师职称结构

开设室内设计教育的本科院校的师资结构基本呈现金字塔型，在被调研的院校中，教授职称占16%，副教授职称占35%，讲师职称占40%，助教职称占9%（图5-11）。

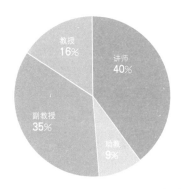

图5-11 开设室内设计专业（本科）院校教师职称结构

本科院校教师年龄结构

开设室内设计教育的本科院校的教师年龄结构则呈现菱形结构，在被调研的院校中，35~45岁教师占42%，35岁以下教师占29%，46~60岁教师占28%，60岁以上教师占1%，中青年教师是教师队伍的主体（图5-12）。

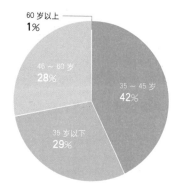

图5-12 开设室内设计专业（本科）院校教师年龄结构

本科院校教师学历背景

在被调研的从事室内设计本科教育的教师中，研究生学历的占80%以上，具有博士学位的比例占到了21%，62%的教师具有硕士学位，17%的教师为本科教育背景（图5-13）。

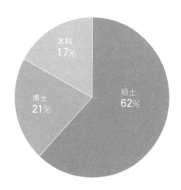

图5-13 开设室内设计专业（本科）院校教师学历结构

本科院校教师学科背景

在被调研的从事室内设计本科教育的教师中，具有设计学科背景的教师比例为69%，16%的教师具有美术学背景，12%的教师为建筑学背景，其他类的教师占2%，文史类的教师占1%（图5-14）。

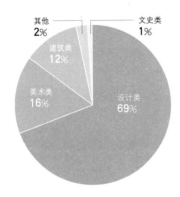

图5-14 开设室内设计专业（本科）院校教师学科背景

本科院校教师留学背景

在被调研的从事室内设计本科教育的教师中，具有留学背景的教师占15%（图5-15）。

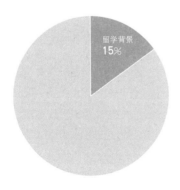

图5-15 开设室内设计专业（本科）院校教师留学情况

本科院校外聘教师结构

在被调研的从事室内设计本科教育的外聘教师中，中国教师占89%，外籍教师占11%（图5-16）。

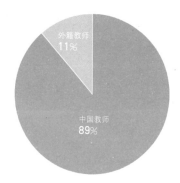

图5-16 开设室内设计专业（本科）院校外聘教师人员结构

专科院校教师职称结构

开设室内设计教育的专科院校的师资结构也呈现金字塔型，在被调研的院校中，教授职称占7%，副教授职称占32%，讲师职称占49%，助教职称占12%（图5-17）。

图5-17 开设室内设计专业（专科）院校教师职称结构

专科院校教师年龄结构

在被调研的专科院校中，35岁以下的教师占53%，35～45岁的教师占30%，46～60岁的教师占17%，35岁以下的青年教师是教师队伍的主体（图5-18）。

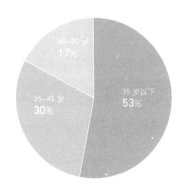

图5-18 开设室内设计专业（专科）院校教师年龄结构

专科院校教师学历结构

在被调研的从事室内设计专科教育的教师中，具有博士学位的教师比例为1%，具有硕士学位的教师比例为67%，32%的教师为本科教育背景（图5-19）。

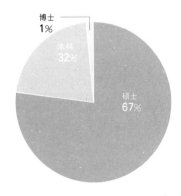

图5-19 开设室内设计专业（专科）院校教师学历结构

专科院校教师学科背景

在被调研的从事室内设计专科教育的教师中，具有设计学科背景的教师比例为63%，22%的教师具有美术学背景，11%的教师为建筑学背景，其他类占4%（图5-20）。

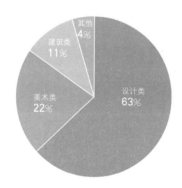

图5-20 开设室内设计专业（专科）院校教师学科背景

专科院校教师留学背景

在被调研的从事室内设计专科教育的教师中，具有留学背景的教师仅占1%（图5-21）。

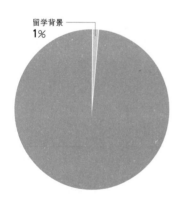

图5-21 开设室内设计专业（专科）院校教师留学情况

专科院校外聘教师结构

在被调研的从事室内设计专科教育的外聘教师中，中国教师占96%，外籍教师占4%（图5-22）。

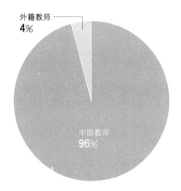

图5-22 开设室内设计专业（专科）院校外聘教师人员结构

学生结构

本科学生生源特点

在被调研的本科院校中，高考前需参加艺术考试的院校占75%（图5-23、图5-24）。

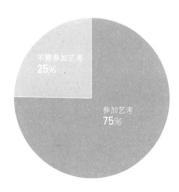

图5-23 被调研院校中高考前需参加艺术考试的院校比例（本科）

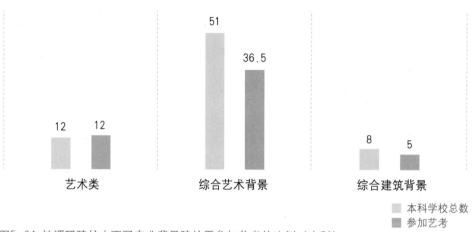

51

36.5

12   12

8   5

艺术类   综合艺术背景   综合建筑背景

本科学校总数
参加艺考

图5-24 被调研院校中不同专业背景院校需参加艺考的比例（本科）

本科学生就业特点

在被调研的室内设计专业本科毕业生中，半数以上毕业生直接选择去设计机构工作，占到毕业生比例的55%，约20%的本科生选择继续深造（国内读研、出国深造），在企事业单位就业的比例约为11%，另有7%的学生转向其他行业，6%的学生选择自主创业（图5-25）。

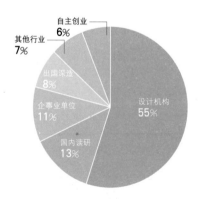

图5-25 学生毕业就业去向——总比例（本科）

艺术院校学生到设计机构的就业比例最高，综合建筑背景院校的学生选择国内读研和出国深造的比例最高。综合艺术背景院校的学生自主创业和转向其他行业的比例最高（图5-26）。

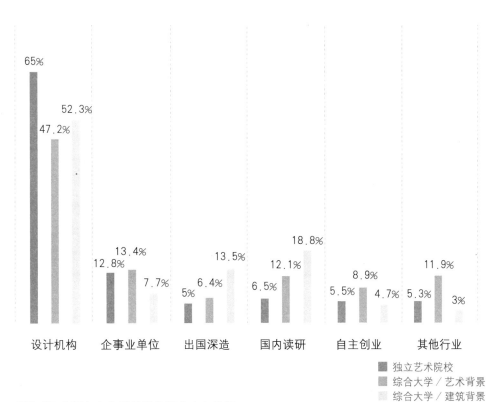

图5-26 本科各专业背景学生毕业去向分析

专科学生生源特点

在被调研的专科院校中，高考前需参加艺术考试的院校占50%（图5-27）。

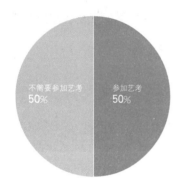

图5-27 被调研院校中高考前需参加艺术考试的院校比例（专科）

专科院校学生就业特点

在被调研的室内设计专科毕业生中，70%以上学生选择到设计机构就业，约3%的专科生选择继续深造（国内读研、出国深造），在企事业单位就业的比例约为3%，约16%的学生转向其他行业，6%的学生选择自主创业。与本科毕业生相比，专科学生到设计机构就业更高，转向其他行业的比例也更高（图5-28）。

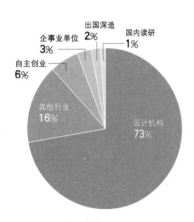

图5-28 学生毕业就业去向——总比例（专科）

专业课程与教学活动

课程人数

专业课堂学生人数是教学活动的最直接反应之一，不同的课堂学生规模直接影响教师授课与辅导的方式和效果。本调研将课程人数分为15人以下、15人～30人、30人～60人以及60人以上四个选项。

调研结果可见，在本科教学中，15人～30人的班级规模最为普遍，占比为60%；其次是30人～60人规模，占比为27%；15人以下的小班教学占比仅为6%；而依然有7%的高校采用60以上的大班模式（图5-29）。

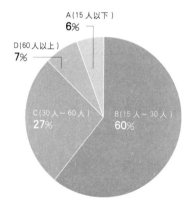

图5-29 专业课程课堂人数分布（本科）

与本科教学模式显著不同的是，所调研高校中专科高校教学主要为大班模式，30人～60人规模最为常见，占比为83%。60以上为17%，没有30人以下的小班教学（图5-30）。

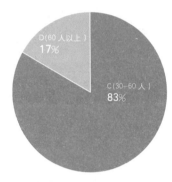

图5-30 专业课程课堂人数分布（专科）

国际交流

国际交流是室内设计教学国际化的重要体现之一。当前，学生在大学阶段参加海外交流的机会日趋增加，项目种类繁多，例如参加社会实践、参加境外交换学习（半年以上），或者某些课程、工作坊式的境外学习项目。调研显示，本科院校中参加海外交流的学校占总数的68%（图5-31）。

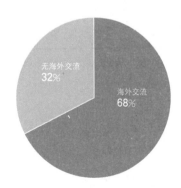

图5-31 为学生提供参加海外交流学习的院校数量与比例

专业课程

在专业课程的调研中，我们希望能够获得被调研高校的课程表，以了解不同高校的课程名称、课程结构以及课时安排等信息，用以构建出高校在教学环节的重要数据。而在实际的调研过程中，由于各个高校课程安排模式不同，课表的呈现形式不同，以及课程负责的人员不同，获得完整课表的工作非常困难。我们回收到的课表多数没有完全涵盖整个培养过程，有些课表以教师个人授课时间为框架，有些课表仅仅是培养方案，有些课表仅有名称没有授课时间。因此，我们只能提取相对完整的部分高校（本科36所，专科3所）的课表进行呈现。

以下图表（表5-12）是经过简化的抽样高校课程分类，按照年级从低到高进行排序，其中有些课程是跨年级选修，有些课程是跨专业选修。各院校开设的具体课程内容虽不尽相同，但经过归纳整理后主要涵盖基础课程、设计历史与文化、设计工程与技术、设计思维与表达、设计经济与管理5个维度。

表 5-12 抽样高校专业课程开设分类统计

课程类别	课程名称
基础课	素描课程 色彩课程 构成类课程 写生类课程
设计历史与文化	历史类课程（包括建筑史、设计史、美术史等） 概论导论类课程 美学课程
设计思维与表达	室内设计课程 建筑设计课程 景观设计课程 照明设计课程 家具与陈设设计课程 设计思维课程 设计表达类课程 计算机类课程
设计工程与技术	制图与测绘类课程 工程预算类课程 材料与构造／施工类课程人体工程学
设计经济与管理	管理类课程

中国室内设计专业历经60余年的发展，尽管在近十年，在不同学科背景高校中呈现出多元发展的态势，但不可否认是，传统的源于"美术"的背景的教育格局以及教学思路仍旧深刻并且普遍地影响着当前的室内设计教学。如今，职业设计师每天都要面临的商业、法务、管理、新材料开发等工作内容，在当前的大学教育中却很少涉及，但专业研究和大学教育中对此却未能做出更多的调整。我们的专业教育目标是要培养优秀的设计师，但对众多毕业生在日常工作中面对的各种行业的实际问题关注不足。

5.2.1　办学规模与办学层次

室内设计教育整体规模庞大，多样化与同质化现象并存

通过以上调研发现，高校扩招之后，虽然全国范围内艺术设计专业的整体规模迅速膨胀，但其增长点主要集中在非艺术类高校，布点涉及到文理科各类综合型院校甚至部分农林、航空、财经等类的本专科院校，而艺术类院校的数量并没有增多，始终维持在30所左右。

艺术类院校与非艺术类院校，在教学方面存在着明显的差异。艺术类院校在长期的"大美术"教学理念的影响下，沿着装饰美术的路径发展而来，在与现代工业文明与科技的交融过程中，逐渐形成了以专业化教学为中心的、注重想象力和创造力培养的教学模式与传统。艺术类院校的室内设计教学历史相对悠久、体系相对健全、教学相对成熟，为此，这一类院校的教学改革多"自上而下"，即顺应学科发展而作适应性革新。非艺术类院校的室内设计教学多采用"两条腿走路"的方式，即一方面吸纳艺术设计或其他美术专业人才，引进以艺术类院校专业教学为摹本的课程体系，另一方面结合自身特点和教学资源，发展特色课程。[①]

总体来看，遍布艺术类院校、综合型大学、文理科院校以及各类专科院校的教学分布使得室内设计教学模式呈现出多样化的发展态势，各类型院校在教育理念、教学目标、教学管理、课堂组织形式等方面的差别，客观上造成了教学模式的多样化；同时，由于办学目标的差异、对专业教学认知的不同等原因，主观上也促成了多元教学模式的形成。

但值得注意的是，快速发展的室内设计专业并没有真正形成系统完善的教学大纲和教学方法，以至于20世纪90年代中央工艺美院环境艺术专业的办学成果在21世纪依然作为很多高等院校的效仿对象，教学模式和教学大纲等被不断复制，造成我国室

①冯阳. 学分制下艺术设计教学模式研究[D]. 南京：南京艺术学院，2016.

内设计教育事业多样化发展的表象下教学体系单一、教学内容同质化、空心化的现象。

从国外的教育经验来看，办学特色是当代高校教育的核心竞争力之一。以目前美国室内设计的开设情况为例：美国罗德岛设计学院室内设计专业教学与研究更加专门化，2011年起室内设计专业毕业的学生获得美国国家艺术与设计学校协会NASAD认证的"适应性更新室内研究"专业学士学位（BFA in Interior Studies, Adaptive Reuse）而非"室内建筑"专业学士学位（BFA in Interior Architecture）。"适应性更新室内研究"专业学位课程关注现有建筑的适应性更新再利用，体现出明确的教学目标；美国帕森斯设计学院环境设计专业突出用设计思维解决复杂的世界问题的方式，课题倾向于具有社会意识的项目；芝加哥艺术学院重视模糊学科界限，强调综合与合作，鼓励学生从人体到环境各种尺度间的实验与创造，课程容量大、信息密度高；康奈尔大学生态学院、伊利诺伊州立大学家政经济系等则对行为及小型环境的研究比较感兴趣，在课程设置上以理论课程和居家设计课题为主。[1]总之，充分发挥教学资源优势、突出办学特色、避免雷同的现象，是发展高等教育的必由之路。

在2008年的全国设计教育论坛上，与会者曾提出地域性与当代性是两个概念内涵完全不同的词语，但将其有机结合却正是设计教育追求的最高境界。[2]总之，室内设计教育应该有科学的规划与布局，充分考虑各地产业结构、文化资源、各校教学资源和办学特色，保证教育的互补性与差异性是目前整合我国庞大的室内设计教育资源、创建室内设计教育可持续共同体的重要方式。

各层次教育齐头并进，课程内容缺乏区分

早在20世纪80年代，庞薰琹就曾提出设计教育应该有科学的规划与布局。除了提出

①胡澜紫月. 环境设计专业本科基础教学的探索与研究[D]. 北京：中央美术学院，2016.
②广州美术学院设计学院. 2008全国设计教育论坛——"地域性"与"当代性"主题研讨会综述[J]. 美术学报，2009（01）：3.

设计教育应该与地域性的产业结构和文化资源充分结合，他还提出设计教育应分层次设置，强调有手艺培养的操作型为主的学校，也有理论与实践并重的设计学校。

根据本次调研的结果，我国室内设计高等教育广泛分布在大学本科和专科各层次教育中，培养目标侧重点有明显的不同：本科教育侧重综合型、创新性与管理、适应能力；专科教育突出培养具有熟练操作技能的职业技能人才。从就业来看，专科毕业生选择从事本专业的比例要高于本科毕业生。这一调研结果与目前我国劳动力市场的发展规律一致：教育学历较高的劳动者就业弹性更大。目前，我国室内设计教育的定位已日渐清晰。全日制本科着重培养研究型、艺术型设计人才；专科教育主要输出具有较强综合能力的技能型人才，整体教育格局具有多样性和互补性。但是，通过对部分院校课程设置的抽样调研我们发现，大部分专科院校在课程设置上并没有达到培养目标，大部分室内设计专业教师还停留在理论教学层面，对于实践层面怎么组织学生开展活动缺乏系统的思考和完善的举措。

教育部在2007年《关于全面提高高等职业教育教学质量的若干意见》(高教〔2006〕16号)的文件中明确指出：高职教育是我国高等教育的重要组成部分。至此，我国的高等教育明确了理论研究型与应用技术型两个人才培养的方向。以应用能力为导向的专科教育应该紧密关注、研究市场发展趋势，目标定位要精准聚焦，只有这样，才能确保培养的人才能够被市场接纳。当前专科院校的课程设置主要存在以下问题：第一，知识滞后性明显，教学计划赶不上市场变化，导致学生毕业后跟不上室内设计的发展趋势；第二，师资结构不合理，学生缺乏实际的动手能力，人才适应能力偏低，无法解决实际工作中的设计问题。

室内设计的专科教育应该结合专科教育的特点，根据职业人才的培养理论，结合当地经济和文化特色，建构人才培养模式。课程是教育事业的核心，是教育运行的手段，是连接教育目的和培养目标的纽带，结合不同的教育层次和培养目标，建构不同的课程系统，是推进艺术教育改革、实现多层次教育齐头并进的关键。

5.2.2 跨学科特质的凸显

早在20世纪90年代末，关于室内设计专业跨学科的特点在设计教育界就已形成一种共识。室内设计相对于建筑设计具有更新速度快，更加贴近日常生活的特点。从本次调查的抽样结果来看，国内重点院校在立足专业传统的基础上更加注重通识教育的比重，而通识教育与工艺美术时代的专业教育相对，是当代室内设计教育跨学科的体现方式。相反，一些在扩招过程中仓促开设的室内设计专业的院校，技法课程往往占据着很大的课时比重，造成学生知识结构单一、设计思路狭窄、综合能力薄弱。总体来说，目前在我国高等院校艺术设计本科专业教育中，仍然还有许多院校或系科沿袭美术教育的方式来从事教学活动。虽然专业名称是艺术教育，但并未真正形成跨学科系统性的培养体系。

室内设计的跨学科特征不仅体现在其与建筑学相关专业存在的学缘上的天然联系[1]，也与美学、艺术学、心理学等学科关系密切。由于施工过程中需要协调材料、成本、人力、工期、质量控制等各方面的问题，因此对工程管理与经济类知识也有一定要求。

在"生态环保"、"以人为本"等现代设计理念的影响下，室内设计不再局限于视觉化的装饰、陈设、空间的组织或界面处理，而是从更广阔、更系统的维度考虑人与环境的关系。传统设计中被忽视的物理环境在当代室内设计中被重视起来，通过照明、温度、通风、湿度等方面的调节，对空间环境进行二次处理，从而满足不同的功能需求。综合考虑技术、材料、结构、工艺的相互关系，提升整体环境的舒适

---

[1]框架结构在建筑设计领域被广泛应用以来，墙体承重与围护结构分离，室内空间的划分和组织变得越来越自由，柯布西耶也将自由的平面布局定义为现代建筑的显著特点之一。框架结构配合着各类建筑幕墙，打开了原本沉重的体量，带来空间的开放和流动，并与现代功能、技术的发展和现代艺术的概念结合，形成一种新的空间设计方法。在大型的公共建筑室内设计领域中，对于建筑结构、建筑构造的理解程度以及对于建筑空间场所精神的解读能力直接关系到室内设计最终效果的成败。

与和谐，满足人对品质生活的向往，实现设计创新，这些都有赖于设计师对人体工程学、物理学、生态学等跨学科知识的综合掌握与运用。

需要注意的是，室内设计教育的跨学科并非指不同专业的简单叠加，而是以设计学为基础，以知识的有序关联为手段，以培养集成创新能力为目标的知识的融合建构过程。在实际的设计工作中，设计师不需要对单一要素实现技术性突破，而是要对各项要素进行选择、优化、配合、适应，由此形成优势互补、结构合理的最佳方案。相应的在室内设计专业教学上也应该考虑到不同领域知识的关联性，在课程设置以及教学组织方式上应该着力于将这些知识与室内设计的自有知识与技能充分融合，用一种高效率的教学机制培养出能够为当前社会生活解决具体设计问题的"宽口径、厚基础、强能力、复合型"的室内设计师。

5.2.3 教学制度及教学内容

师资数量和质量不均，教学组织方式有待改善

通过对调研数据的统计分析可见，进入21世纪以来，在共同经历了高等教育的扩招和合并浪潮后，各层次高校的发展策略却截然不同。在室内设计领域具有较强实力的一本类院校，大都选择维持原本的招生计划或仅小幅扩大招生规模；而二本和三本类院校的招生数量则急剧上升，部分三本院校甚至完全取消了专业入学考试，只根据学生的高考文化课成绩进行录取。由于很多非重点院校原本的专业基础就比较薄弱，师资力量较差，扩招后师生比严重超标，现有师资力量完全无法满足教学需求，选修制和跨学科的通识教育更是无从谈起。

依照普通高等学校基本办学指标之师生比要求标准来看，我国室内设计教育在世纪之交盲目扩招之后产生的师资不足现象十分突出。与此同时，更为严重的问题是教师学术背景的单一化。受困于硬件条件和师资力量的弱势,许多院校在课程的内容设置和教学组织上往往只是开出一些基本的课程,保证基本的学时数,有大量专业课程在学期初的课表上显示教师空缺。[1]这样不稳定的教学情况在很多非重点院校广泛存在,对于专业教学的连续性和院校学习氛围的养成都是极为不利的。

对此,国外设计类院校的教师结构可资借鉴。美国通过全职教师、半全职教师和兼职教师同时存在来协调师资的供需问题,其中全职教师最少,半全职教师最多,兼职教师是补充力量;[2]而我国是以全职教师为主,少量兼职教师,基本没有半全职教师。纵观他国教师制度,不难发现半全职教师和兼职教师因上升动力以及危机意识,成为整个师资队伍中最富活力的力量。

此外,近年来随着我国教育改革的深入和科学技术的发展,也有一些措施弥补了师资不足的问题,比如通过网络课堂、远程教学等手段来共享和推广优秀课程,既可以树立学术标杆,又可以填补师资缺口,在实践中取得了一些业绩。但是,面对面教学仍然是当下最常态的教学形式,师资队伍必须建设,这一点无需质疑。师资问题的背后是各种人事制度、社会保障制度的支撑与联动,可谓牵一发动全身。

入学考试的内容和机制有待提升

根据本研究抽样调研高校室内设计专业学生生源显示,无论室内设计专业在高校设置的专业背景如何,其学生主要生源为艺术类考生,平均"艺考生"占所有学生生源的近70%。世纪之交的"艺考热"不仅决定了室内设计的生源,对学生入学后基础课的设置同样有影响。专业考试是学生从艺术素质基础训练阶段进入高等院校专业设计学习阶段的连接桥梁。而院校专业基础的教学方式又反过来对学生入学前的设计素质培养具有导向意义。因此,寻找到两者之间合理的作用方式,对于室内设计相关专业的基础教学质量和效率的提升,以及在宏观维度——对于社会公众审美意识的

①刘少帅. 室内设计四年制本科专业基础教学研究[D]. 北京: 中央美术学院, 2013.
②冯阳. 学分制下艺术设计教学模式研究[D]. 南京: 南京艺术学院, 2016.

培养都有极为重要的意义。

在入学考试的环节,国内很多院校已经做出了积极的探索,这些高校能够比较明确的通过专业入学考试遴选符合其自身专业教学需要的设计人才,也能将更多的设计思维带入到入学前的专业启蒙教育中。

国外很多设计类本科专业院校在选拔人才时,采用的是专业作品集审核制度与考试结合的方式, 分轮次筛选。确保学校和学生之间能够积极的双向选择,找到最适合学生特点的教学方式。专业作品集反映出的往往是学生平日的专业积累和综合修养情况,此外再结合入学考试对学生近期的专业水平和综合素质进行评估,是相对比较全面的考核方式。这样的入学选拔制度也使得入学考试成绩并非占据压倒性的重要地位,学生也会在这样的选拔制度下将注意力更多的放到平日对社会生活的体察,应试的思想在这样的环境下也就没有了生存的土壤。①

目前, 我国一流院校设计院校已逐步开始在硕士生、博士生的招生环节尝试"申请—审核"制,但面对数十万的本科考生数量,如何找出公平、合理、有效的入学考试机制是各高校都要理性思考、审慎对待的一项课题。

基础课程与专业课程内容衔接不顺畅, 缺乏系统性和连贯性

早在20世纪80年代,张道一就用"百衲衣"来描述当时艺术设计专业的课程结构问题,他指出:"一个学科的教学结构,就像一部机器。齿轮有大有小,转动有快有慢,但必须是和谐的动作,组成一个有机的整体。这里即包括了课程的设置,也包括了教学的内容和方法。而工艺美术的教学,还要细分成若干专业。因此,在总的教学结构中,又有具体的教学结构。遗憾的是,我们现在的教学情况,就其整体来说,仅仅是百钠衣式的碎片连缀,还看不出完整的体系。" ②

从目前抽样调查的高等院校艺术设计本科专业课程来看, 课程序列结构不清晰仍存

①刘少帅. 室内设计四年制本科专业基础教学研究[D]. 北京: 中央美术学院, 2013.
②张道一. 工艺美术论集[M]. 西安: 陕西人民美术出版社, 1986.

在于大部分室内设计专业教学中：基础课程与专业课程的设置难以看出先行、平行和后行的序列关系；技法类课程与综合的设计类课程的配置比例严重失调，技法类课程不仅课目繁多庞杂，而且课时比重过大，综合课程课时和种类偏少,导致课程知识构成序列的严重倾斜。袁熙旸曾对这种课程设置的比例与不足进行过分析：素描、色彩、图案等课程占用了过多的教学时间，有效性不足，特别是造型基础训练，无论是其教学内容，还是其教学目标、教学方法，都脱胎于美术教学，缺乏艺术设计专业特点与特殊要求；同时，专业基础课的比重过低，并且集中于工艺技能方面，对于设计思维等方面则很少涉及。[①]

这种基础知识与专业知识应有的划分和递进关系不明的现象容易割裂课程之间的联系，造成学生知识的碎片化现象，不利于学生形成连续性的知识创新。由于在专业基础阶段对室内设计的工作思维和工作方法引导不够，很多学生在进行基础课学习时，往往只关注每一阶段作业本身的形式,忽略了原本课程大纲所要达到的教学目的。结果学生仅仅学到了一些关于形式和表达的具体技能，却无法形成完整清晰的设计思维。

通过本次调研可见，大部分院校都在培养方案中明确规定了课程之间应该建立一定的联系，且应衔接有序，但在实际执行过程中，由于不同课程由不同教师负责，每位教师的执行能力也不尽相同，"因人设课"的情况时有发生，造成目前大多数院校课程设置的有序衔接与平稳过渡不够理想。另外，大部分院校在课程设置上呈现出过分迎合设计市场职业化需求的倾向,强调电脑制图、工程操作等应用技能，并为某些专门空间开设有独立课程，对于设计方法、市场调研、建筑思考等引导学生进行设计思考、拓展设计思维等创新能力方面的投入十分有限。

知识创新应该是一种螺旋上升的过程。在这一过程中，知识的创新没有终点，知识只是在知识螺旋上不断地更新迭代。因此，室内设计教育的课程设置应注意递进型

①袁熙旸. 中国艺术设计发展历程研究[M]. 北京：北京理工大学出版社，2003.

教学模式的构建：以通识教育为基础，突出专业主干课程，密切各阶段和各层次课程的衔接，兼顾各学科课程的有机融合，融入现代教育理论和课程理论，开发科学合理的课程结构体系，以此保持设计知识创新的连续性。

5.2.4 室内设计教育评估体系的建立

20世纪90年代以后，全国各地高校纷纷成立环境艺术设计系，但整体教学水平参差不齐，人才培养与市场需求存在脱节。因此，系统的室内设计教育评估体系亟待建立。评估机制在整个高校教学体系中具有导向、规范和改进的重要作用。由于室内教育评估体系不能以文科或理工学科的共性标准一概而论，要充分尊重和遵循学科自身的发展规律，因此建立合理的、符合学科特点的评估标准是尤为重要的。目前我国本科教学评估的指标体系包括了对学校的办学指导思想、师资队伍、教学条件与利用、专业建设与教学改革、教学管理、学风、教学效果以及特色项目等8个一级指标、19个二级指标和44个观测点，[①]从中我们可以看到整个评估体系的框架基本完备。但其具体观测点中的量化标准，将不同性质、不同类型的高校按照同一要求去评估，显然不够全面。

二战之后的美国也曾经历室内设计专业的大规模发展，短时间内涌现出大量学制不等、教学内容、师资力量、教学水平各异的室内设计专业。为了规范审核鉴定高等学校室内设计教育，1970年，美国室内设计教育基金会（FIDER，2006年更名为CIDA）应运而生。它建立了一套系统的室内设计教育标准，对北美地区室内设计课程进行认证和教学评估，推动室内设计教育和行业的规范发展。这一机构被美国教育部和其他室内设计教育相关的协会所承认。CIDA认证的室内设计专业院校毕业出来的学生在社会上、行业内受到认可，无论是对学生求职还是深造皆有帮助。

①教育部高教厅［2014］21号《普通高等学校本科教学工作水平评估方案（试行）》。

美国室内设计教育基金会的审核鉴定标准十分全面,内容包括教学指导思想、课程设置、师资与管理等诸多方面。2018版CIDA专业标准包括两大部分,共16项细则。第一部分"项目特征与背景"包括:(1)项目特征与课程设置;(2)教员和管理;(3)学习环境和资源。第二部分"知识的获取和应用"包括:(4)全球化视角;(5)合作;(6)专业和商业实践;(7)以人为本的设计;(8)设计过程;(9)交流;(10)历史;(11)设计的要素和原则;(12)照明和色彩;(13)产品和材料;(14)环境系统和舒适度;(15)建造;(16)法规。针对不同类型的科目,CIDA标准又将学生对知识掌握的不同程度分为一般性了解、理解与掌握、熟练应用三个层次。

美国室内设计教育基金会对室内设计课程设置的要求非常严格,从理论学习方面的内容,到室内设计教学实践,艺术美学、工程技术,体现出紧密结合室内设计行业市场需要的务实精神,经CIDA认证的学校,每六年要重新接受一次评估,由室内设计专业教师和职业设计师组成的巡视小组通过实地考察、师生访谈、学生作业等方式,验证课程与评价标准的吻合程度。周期性评估不仅有助于督促课程的持续完善与更新,反过来也推动了评价标准的与时俱进。美国室内设计教育基金会的成立及评价标准的制定,对美国的室内设计教育事业作出了巨大的贡献,它有效地控制了室内设计教学的质量,为培养实用型设计人才提出了行业标准,也提升了室内设计专业的学科地位,对于我国室内设计教育的专业化与规范化的发展具有一定的参考价值。①

---

①江滨. 环境艺术设计教学新模型及教学控制体系研究[D]. 杭州:中国美术学院,2009.

中国室内设计教育的新趋势

6
中国室内设计教育的新趋势

中国室内设计的发展与政治政策、社会经济、技术进步以及生活形态有着密不可分的联系，系统梳理历经60年的专业发展路程，从专业名称的变更、专业规模的扩大到专业教学和专业实践的变化，未来中国室内设计专业的发展与专业教育依然会受到来自行业内部以及外部环境的影响。

通过对专业发展历史的归纳总结，以下三个趋势是中国室内设计专业教育不得不回应的。一是职业化的影响，中国室内设计专业的高等教育应该如何回应教学规模扩张后的教学变化，人才培养目标应该如何设定？二是信息化的影响，在慕课（Massive Open Online Courses，大型开放式网络课程）影响日益扩大的当下，网络课程对线下课程有了较大的冲击，学习资源变得随手可得，实体课堂应该如何保证学习效果，室内设计专业课程如果网络化，网络课程与实体课程各自之间应该如何侧重与把控？三是国际化的影响日益明显，教学课程的国际化、工作坊和研究的国际化，以及就读期间的国际交换生、毕业以后申请国外院校的学生数量日益增多，如何在国际化影响日益明显的当下，保持中国室内设计专业教育的特色以及在教育输出端保证教学质量？

室内设计专业高等教育的定位在新时期有较多的争论，究竟是通过高等教育实现何种人才培养目标？是以职业为导向还是以培养专业精英为导向？如何平衡学生期望、行业期望、社会期望，这成为专业教师持续要面对的难题。放大这一现象来看，其实并不是室内设计专业教育独有的困境。

6.1.1 关于高等教育的争论

西方大学教育从精英教育渐进式地走向大众教育已经有将近40年时间，追溯相关现象，在20世纪70年代中期，美国开始出现教育扩张伊始，即引起西方社会学与高等教育学学者的关注，在分析教育扩招形成原因及走向的相关理论中，概述而言呈现出两种流派，一是教育过度学说，另一种则是大众高等教育说。前者倾向于否定高等教育扩张，将其视为社会问题，认为高于社会需求的教育是过度的、浪费社会资源的；后者则偏向于客观描述高等教育的扩张，后者的代表人物马丁·特罗[①]在《从精英向大众教育过渡中的问题》一文中根据适龄青年入学率的高低，将高等教育发展分为精英教育、大众教育与普遍教育三个阶段。英国学者约翰·布列南将特罗以入学率划分教育阶段的概念量化，将教育阶段依据入学率分为"精英教育阶段（0%～15%）"、"大众教育阶段（16%～50%）"、"普遍教育阶段（50%以上）"，而这个衡量法则也被中国高等教育所采用，2012年数据统计中国高等教育毛入学率达到30%，2015年毛入学率达到40%，高于全球平均水平。

西方大学在精英教育走向大众教育过程中，也走向了两难境地，在入学率提高和毕业率抑制之间，也即是在规模扩张与质量控制之间，存在不可调和的矛盾：一方面必须肯定每个适龄普及高中教育后的青年享有接受高等教育的权利，另一方面为了维持高等教育的文化价值、人才选拔价值以及岗位筛选要求，高等教育必须坚守着

---

①美国著名教育社会学家。

宽进严出的标准。入读大学并不意味着一定能够获得学位，不少国外一类顶尖学府都有高达30%的大学退出率，划分明确的学院定位、低毕业率的精英选拔机制以及给予学生贷款的经济补助让高中毕业生能够在相对完善的系统中选择符合自我能力的院校进行学习。

高等教育所存在的普遍现象和争论议题，也是室内设计教育中普遍存在的争论，而室内设计的"精英教育"应该如何界定？室内设计的"大众教育"又应该如何进行划分，"职业教育"是否是室内设计"大众教育"的出路，仍存在着较大的学术争议。从职业教育中"职业"二字的定义进行剖析，职业化就是一种工作状态的标准化、规范化、制度化，包含在工作中应该遵循的职业行为规范、职业素养和匹配的职业技能。"普遍的期望"则是美国室内设计教育基金会（CIDA）对室内设计教育本科标准的解释。室内设计作为一门具有较强社会属性的应用型学科，"普遍的期望"应该是所有院校类型的教育基础，在此之上再提供选修课程或者研究生课程训练完成"精英教育"所应具备的学科综合能力、研究能力以及学科引领能力。面对基数较大、生源结构复杂的设计教育群体，如何设立培养目标，组织课程和组织教学团队去实现培养目标和满足社会的"普遍期待"，是新时期所要面对的普遍问题。

6.1.2　职业化影响

室内设计作为一个具有行业技能要求的"职业"，具有较强的社会属性。当前，高校室内设计专业教育连同其他艺术设计类专业都面临着一个普遍的问题——"供"与"求"的关系失衡。尤其在二三线院校中，主要表现为院校培养出来的毕业生就业能力不足，所学知识与企业所需之间有所脱节，难以满足行业要求、高水平的专业人才培养更是无从谈起。这种现象的内在因素是由于高校在培养设计人才的时候，没能够正确评估自身教学实力、生源背景和就业能力，盲目的向所谓一线院校，甚至"国际名校"看齐，忽视了室内设计的专业性和技能性。经过扩招十年后的具体教学情况，一些院校逐步在探索一条"职业化"发展的室内设计本科教学模式。其核心就在于根据自身教学条件以及学生背景特点，立足于所在城市以及区域，对人才培养的需求定位以及生源特点制定教学课程，将大学本科四年作为职业培训与设计思维相结合的综合培养期，使学生毕业后，能够快速的适应设计事务所、设计院甚至工程公司等专业设计单位的实践工作。

这些以职业化作为定位的院校在教学中本着正规化和专业化的原则，主要采取了四类措施实现职业化：一是将职业知识由浅入深地引进课程设置中，将材料和工艺、照明设计、设计管理和工程管理等室内设计的相关辅助知识，作为常设的专题课程，以课代练，用真题假做或者假题假做的方式进行设计应用训练；二是将专业明确化，如家具设计逐渐成为独立设计专业，从室内设计中分离，各自形成适应不同行业发展的课程，景观在中国也作为独立的设计行业逐渐形成，部分院校的室内设计和景观设计逐渐从环境艺术设计大专业方向下各自独立，更加单纯化和专业化，在有限的四年中，将专业特点、专业技能和相关知识点尽可能以课程的形式明确化；三是减少设计史论课程和理论课程，增加实践教学课程，强调设计的可实施性，同时辅以制图、建造等相关辅助课程；四是双导师制在教学中的引入，借助职业设计师在设计理念、设计技巧和设计经验方面的职业优势，对高年级的课程进行职业方向的引导，让这些设计师或设计机构开始参与到学校的教学中。以"产学研"的模式进行教学。

国务院《关于推进文化创意和设计服务与相关产业融合发展的若干意见》中，明确了以"设计服务"推动我国知识经济发展的策略，并指出到2020年，文化创意和设计服务的"先导产业作用"会更加强化。目前我国高校室内设计专业开设的数量受地域经济产业发展的影响非常明显。东部沿海地区与中西部内地的发展不平衡以及对于人才需求的不同都在影响着相关地区室内专业开设的数量及教学模式。按照市场发展特点调整室内设计的专业办学方向是当下设计教育的一个重要趋势。随着国家产业结构调整，房地产发展增速变缓，市场的精分和专业化迫使大量的设计院校逐步转型，从之前的一味盲目追求创新、国际化的精英型教育，逐步开始针对地区发展特点、学生资源与师资水平，转变办学思路，从市场需求出发，明确为产业技术发展服务的办学理念。

在师资配置上，除了全职教师之外，很多院校会聘请一线设计师或具备成熟经验的设计管理者参与教学。尤其在毕业设计阶段，学生作品不仅需要理论与创意特色，同时也是逻辑整理、设计技能及表达的综合水平的展现。因此，职业设计师的辅导会在设计定位、技术、工艺等方面有效的帮助学生。这种职业设计师与学生的直接交流方式可以有效补充学校教育在实践经验方面的不足。让学生在学校学习的过程中就开始接触设计实践、熟悉设计流程，为未来就业做准备。随着产业发展的变化，除了技术型人才的需求之外，管理型人才越来越受到市场的青睐。一些学校开始拓展学生专业领域的广度，多个艺术设计专业已开设"设计管理课程"，培养既有设计专业技能又具有创新及组织能力的新型职业化人才。为未来的行业、专业转型升级做准备。

6.1.3 就业率影响

扩招是为了让更多的人能够得到本科教育，并学会在社会环境中具有工作的能力，为生存发展和社会进步提供知识的保障。而现今美术院校盲目地抢抓生源、扩大招生，使得对专业考试、文化考试的要求一降再降。从社会需求的角度来看，社会对设计人才的需求量虽有日益增大的趋势，但设计行业终归不是社会的主要生产性行业，它与社会其他行业相比，需求的人员还是有限的。

就业率的困扰也并不只是设计行业独有的难题，经济高速发展放缓、就业率的普遍下降，使国家自2011年1月1日起出台了鼓励创业的相关政策，毕业年度内的高校毕业生可以在校就读期间创业，可向所在高校申领《高校毕业生自主创业证》。2013年，我国大学毕业生人数再创新高，达到了699万，被称为"史上最难就业季"，就业形势相当严峻，"就业难"引发了"创业热"，国家又出台了大学生创业相关优惠政策，对大学生注册的公司进行税收减免。2015年，国家十三五规划明确提出："培育发展新动力。优化劳动力、资本、土地、技术、管理等要素配置，激发创新创业活力，推动大众创业、万众创新，释放新需求，创造新供给，推动新技术、新产业、新业态蓬勃发展，加快实现发展动力转换。"鼓励大众创业、万众创新，作为知识和技术新生力量的大学生，也成为了创业的支持重点。为支持大学生创业，国家各级政府出台了更多的优惠政策，涉及融资、开业、税收、创业培训、创业指导等诸多方面。以上海为例，根据国家和上海市政府的有关规定，应届大学毕业生创业可享受免费风险评估、免费政策培训、无偿贷款担保及部分税费减免四项优惠政策，具有自主创新能力、实现能力的艺术类设计毕业生成为自主择业和创业的主体之一。

信息化设计技术已经全面影响了现代人的生活，从日常生活消费、生活安排再到教育教学，信息化技术已经渗透到生活的方方面面，技术的迭代速度为设计教育模式带来了很多新的可能性同时也带来了很大的冲击，在技术的影响下，中国室内设计教育架构是否能够借助新技术有相应的新探索？课程组织模式是否真的能实现"翻转"课堂？学校教学模式是否应该回应当下技术带来的可能性？下文从信息技术工具的影响、消息传播的影响以及教育系统的影响对上述三个问题进行初步论述。

6.2.1 信息技术工具的影响

信息技术改变了人类对生存空间的定义也改变了生存空间的法则。在室内设计领域，信息技术的发展更是彻底颠覆了原有的设计模式和工作方式。从最早CAD（－Computer Aided Design，计算机辅助设计）到CG（Computer Graphic，计算机动画），再到CAE（Computer Aided Engineering，计算机辅助工程）和CAM（Computer Aided Manufacture，计算机辅助制造）；从当下开始普及应用的机械臂、3D打印和BIM（Building Information Modeling，建筑信息模型），到VR（－Virtual Reality，虚拟现实技术）、AR（Augmented Reality，增强现实）、3D全息投影技术等，室内设计从思维工具到设计工具，从表现工具到实现工具都出现了系统性和颠覆性的改变。

在设计工具的大变革中，传统设计课程中要求的手绘设计表现有越来越多院校不知道是否应该继续开设或者应该如何重新调整教学内容，因为在线云渲染可以通过多主机联机的方式，在十分钟以内完成设计表现的渲染图纸，不少线上基于模块的云平台2分钟即可完成图纸的渲染和VR沉浸式展示，让"设计表现"在传统教学中耗时较长、提高较慢的这项技能在新的信息技术工具下变得无足轻重，也对学校在进行学生选拔时是否需要进行美术加试带来了一定的困惑和一定程度的冲击。"快速的学习能力"成为了当下设计学生、设计师的核心竞争力，因为信息更新的速度、赖以生存的设计工具更新迭代速度都是上一代设计师们、教授们没有经历过的。

信息技术工具不仅仅是对室内设计表现这一具体内容产生影响，当然，这种影响是最为直接、最为明显的，信息技术工具的出现也促进和改变了学科底层结构、教学模式以及教学内容的调整，由工具端推进和深化了设计学科的变化，让专业学科的教师和从业者重新思考设计的核心价值和核心学科内容：巴黎美术学院"图坊"式、强调表现的教学已经不能满足时代需求，作为现代设计起源的包豪斯"作坊"式、讲求动手制作的教学也渐渐被更为多元的尝试所替代，以系统性和方法论出发、以分类专题组织教学、以真实建造的探索实验等教学模式，都是当下主流的多元探索方向，回应了信息技术及计算机技术对设计专业中重复性工作在一定程度的解放，以及知识性识记工作、信息更新工作的高效辅助。

6.2.2　信息传播的影响

自20世纪90年代中期开始的互联网的兴起，整个世界的信息传递方式都在发生根本性的变革。"分享"是当代信息化发展的一个最为重要的现象，它改变了以往单向的信息获取模式，发展到近年来以"自媒体"为代表的信息分享，网络资源传播日益便利、快捷与碎片化。人们可以自由的交流，交换各自所拥有的信息与知识，形成了横向的交叉式信息传播。而"90后"的年轻人大多成长于独生子女家庭，其自身心理与生理上的孤独感使他们更加习惯甚至依赖于网络与他人交流。他们热衷于在网络世界建立社区。对于他们而言，信息的相互分享已经成为他们生活的一部分，这也从根本上改变了他们汲取知识的方式。

在信息共享和新媒体盛行的当下，"90后"的学生随时可以从各种信息分享渠道中获得大量的知识，使他们无论从知识结构到思维方式都日趋丰富。虽然室内设计是带有强烈时尚性和丰富的潮流元素的行业，但是室内设计所必备的"技能"和逻辑思维是需要线下大量的时间训练才能得以提高，这也造就了室内设计教育的综合性。面对这一趋势，学校教学的形式与内容必须改变以适应当代学生的发展特点。教师既不能再依靠原有的知识结构和经验，也不能再延续传统的自上而下的讲授方式。当前，各个院校都在努力调整教学方法，将信息化与传统教学相结合，创造新型的体验式教学模式。

面对互联网的海量信息，今天的学生所面临的问题不是如何获取信息，而是如何在纷繁复杂的信息中筛选过滤，找到有用的信息，同时，将这些信息进行逻辑化分析和整合，成为自我观点的辅助与支撑。在这一环节上，教师的作用是无法替代的。因此，目前设计院校在师资力量允许的情况下，都在主体设计课程或工作室的设计教学中，尽可能的增加一对一的老师与学生交流。教师的作用更多的是帮助学生学会对已知的信息进行分类梳理，通过逻辑思维进行分析，建立一套属于自己的设计方法。

在课程设置上强调学科间的整合，学校的授课形式除了传统的课堂讲授之外，逐渐形成了以课堂教学为主辅以实地调研、实验室教学、社会实践等多种形式的综合性教学模式。一方面，在这些多元化的教学形式中，不仅培养学生的设计思维，也更加强调学生的动手能力、信息收集与整合能力、团队协作能力、沟通能力等作为设计师的必备能力。另一方面，在不同的教学形式中融入了不同学科知识。如在调研考察中，学生需要接触统计学、社会学等相关知识。在实验室教学中，学生对于数字化软件、机器操作、声光学知识都必须有所了解和掌握。在社会实践中，更是要面临大量的设计之外的建造、管理、人际交往等各种问题。

学校在设计教学中更加围绕市场及时代的变化不断调整教学策略，建立更为活跃的、共享型的、开放的教学平台。任何一所学校的室内设计专业都不是唯一存在的，必然有相平行的各个领域的设计专业，如平面设计、工业设计、摄影、多媒体等。当下，室内设计已经发展成具有多学科融合协作特点的专业。因此，在教学上，学校也在利用自身专业结构优势，打破学科间壁垒，让室内设计各个阶段的教学课程与其他学科相互整合、相互借鉴。例如，在居住空间设计中，与家具设计整合，通过家具设计的空间化与集成化手段解决空间设计。在商业空间设计中，与公共艺术整合，研究空间与多元化的艺术展示形式的交互体验等。同时，以公开课或选修课的形式，让学生参与到不同学科的学习中。例如清华大学美术学院、中央美术学院等高校，室内设计专业学生可以学习服装设计、陶瓷设计，雕塑系学生可以学习三维动画、交互设计。在这种开放式课程的交叉学习中，设计教育的学科体系变得更加丰富和有机，学生的视野更加开阔，对于设计的理解更加深刻，这种跨学科的教学也与当代设计行业发展相契合，有利于将学生培养成为综合性创新型人才。

6.2.3 信息化教育的影响

随着社会需求及技术的推动，综合类大学、工程类大学和艺术类重点院校基本在这个时期都完成了室内设计教育管理系统的信息化，学生的学籍管理、教师的业绩管理和教务工作管理基本都百分百实现了网络化和信息化。教育管理系统的信息化大大提升教学管理的效率、降低教学管理中人为操作的误差也减轻了教务的重复工作，历届学生作品的信息数据归档、论文数据以及毕业创作作品都可以通过计算机中心得到有效保存。当然，随之而来的是相关网络安全保障以及稳定性带来的挑战，综合性大学、工程类大学都具有相关计算机专业及信息系统管理部门进行针对性开发及日常技术维护，艺术类院校的信息系统一般通过市场化外包的方式解决，商业的教育管理系统功能模块较为成熟和高效，但其管理系统功能和模块较为单一，针对室内设计教育管理的模块更是少之又少，例如作品上传、作品格式以及作品线上展示的功能都较弱，并不能很好的应用到教学当中。

线上教育管理系统是新时期教育信息化的一大特征，另一个影响重大、方兴未艾的趋势则是慕课课程。慕课作为目前国际上比较认可的网络教学形式，它也经历了一个较长的孕育发展历程。1962年，美国发明家和知识创新者道格拉斯（Douglas Engelbart）提出了一项研究计划，名为《增进人类智慧：斯坦福研究院的一个概念框架》。这个研究计划强调了以计算机作为工具、以增进智慧协作作为目的来加以系统应用。也正是在这个研究计划中，道格拉斯提倡个人计算机的广泛传播，并给出简单的实现路径以解释如何将个人计算机与"互联的计算机网络"结合起来，从而形成一种大规模的、世界性的信息分享和共享效应。较长的孕育发展历史既有社会文化的基础准备，也有技术的准备，"大规模"、"开放"是MOOC得以实现的核心价值观和社会认知基础，这意味着取消入学限制、教育场所限制以及损害了相应的教育组织机构的运作，这是20世纪60年代的社会条件所不具备的；而当时的相关技术也还没有成熟，个人计算机还未普及、网络技术和远程通信技术都没有成为支撑，因此概念框架一直只是停留在概念中。

这个极具启发性的前瞻性研究陆续引起学者们的注意，尤其是热衷于计算机技术的教育改革家们，如美国教育家和社会批评家伊万·伊里奇（Ivan Illich）作为"非学校化社会"的倡导者，极力推进教育过程的开放化、提倡去中心的学习网络，他所提倡的教育系统有一定的"理想主义色彩"：其一，教育应该为所有想学习的人提供随时随地可以加以应用的学习资源；其二，给予所有想分享自己知识的人，找到那些想向他们学习这些知识的人的能力；其三，向所有想对公众发表自己观点和主张的人提供机会使其观点和主张为众人所知晓。

2007年，萨尔曼·可汗（Salman Khan）在网上成立了非营利性的"可汗学院"，其浅显易懂的表述方式、生动且具有互动性的课件迅速红极一时也切实帮助学生提高了学习效果。到了2011年，可谓是网络教育规模化发展的元年，来自世界各国各地区的16万人注册了斯坦福大学塞巴斯蒂安·特伦（Sebastian Thrun）与彼得·诺维格（Peter Norvig）联合开出的免费课程——《人工智能导论》，慢慢巴斯蒂安将这个模式扩展到其他课程，创立了优达学城（Udacity）；在这之后，斯坦福大学计算机系的达芙妮·科勒（Daphne Koller）和吴文达（Andrew Ng）创办了一家名为Coursera的公司，这个平台课程则采取与大学合作的模式，提供网络在线学习。与此同时，MIT工学院也启动了edX，联合哈佛和加州伯克利等一众名校，提供各学校优势专业的课程，让名校间的优势学科得到共享。上述三个线上教育平台Udacity、Coursera以及edX，已经具有较高的社会影响力和获得较大的社会认可，现在已经有超过几十所世界著名大学参与平台的线上课程建设，在线学习人数超500万。

网络线上课程方兴未艾，就积极方面而言，有四大优点：第一，网络课程促进了知识的大规模传播，体制内教师的传播面不再仅仅局限于一所学校、一个地区和一个国家，只要课程框架清晰、知识点讲述透彻、语言表述有吸引力，名师的影响力被扩大；第二，网络课程的时间设定短、知识点凝练，更符合信息时代学生的接受习惯，原理性、知识点课程通常设计在10分钟以内，知识点外延内容一般控制在20分钟，使教学信息更为清晰准确的传达；第三，重构了课堂的学习流程，把知识点的信息传播放在了课前完成，经过"吸收内化"后，把知识点讨论、知识点应用和能力培养放到课上面对面的宝贵时间当中；第四，线上的自我评估及跟踪式学习，让学生能够对相应知识点进行反复学习和练习，减少了教师对同一知识点的反复论述，多媒体课件的开发对以往抽象知识点也有更为形象直观的辅助阐释；第五，除了部分高校已制定的固定网课学分，学生可以自行筛选学习内容，对学生的学习积极性、内容的针对性和学习深度有着很好的促进作用。

依托严苛的考试、优秀的师资、垄断的资源和有限的时间所构筑的象牙塔式的封闭教学，正被逐步推进到时代的网络大潮中，开环大学、终身学习制度和网络课程的学分认证虽然还暂时处于摸索阶段，但这股潮流正向大江大海一样，已然只会向前而不会倒退。云时代和技术的引领，既对室内设计带来了机遇也为室内设计带来了挑战，职业化需求和便捷的信息资源，都迫使室内设计教育既要注重学科基础，又要面向未来。中国的室内设计教育在顺应科学技术迅猛发展的同时，应当审慎和理性的做出自己的判断，走出一条符合自身发展方向的道路。

互联网的飞速发展使中国设计院校的教师和学生都不满足原有的对于国外教学和研究的"图纸"借鉴与模仿,各院校越来越迫切的希望加强与国际间的交流合作,通过学习和交流,促进教学方法、研究方法和实验搭建的实质进步。2010年国家颁布了《国家中长期教育改革和发展规划纲要(2010-2020年)》进一步强调了教育国际化的重要性,明确指出要扩大教育开放,加强国际交流合作。真正意义上的国际化教学模式开始在国内设计院校建立。而随着中国的国际地位的提升,中国市场的巨大潜力、中国经济的飞速发展,使得很多发达国家也都希望与中国建立经济与文化方面的合作关系。这些都给我国高校与国际高校之间的交流提供了良好的途径。就国际化教学模式而言,主要分为短期联合教学模式和常态化的国际交流模式,短期联合教学模式主要以研究、专题、游学和工作坊为主,一般以学生在不影响正常教学的前提下自愿参加;常态化的国际交流则一般纳入学分制内,作为常态化的教学课程进行,常态化的交流使国际双学位和出国专业深造提供了更多的可能性。

6.3.1 短期联合教学模式

短期的联合教育教学模式可以增进国际院校间的彼此了解,在课程交流过程中相互取长补短,交流的形式主要以设计工作坊和短期培训课程为主。
设计工作坊(Design Workshop)以跨文化、跨学科为背景的国际合作较为普遍,这种模式将教学、科研相结合,积极促进跨文化与跨学科的对话,并寻求进行项目研究和设计的新方法,反映出设计教育中国际化发展的新趋势。例如,清华大学美术学院环境艺术设计系与米兰理工大学设计学开展的为期半年,主题为《传统与创新》的工作室教学模式。工作室主旨是从研究传统器具入手,通过收集、整理、分析、归纳有显著中国工艺特征之日常器具,探寻我国器具之中非符号因素之文化特征、工艺技术。以当今时代之视角，纳时下之技术、材料、众生心理、行为，重新梳理并再造中国传统器具，进而探寻发扬光大中国设计之新路。

江南大学设计学院2016年赴英国利兹参加的GIDE（Group for International Design Education）国际联合教研项目是一个研究型国际联合课程课题组，课题组每年举办研究导向的联合课程，联合产业、政府和研究的力量，探索重大的社会问题。参加工作坊的有来自中国、德国、比利时、英国、瑞士、意大利等不同国家的设计院校，课题组成员由室内设计、工业设计、视觉传达设计、服务设计等不同专业方向的师生构成。

目前的国际短期培训课程（Short-term Training Class）主要由国外院校主导开设，课程设置、教学内容的组织均以国外教师为主体，利用暑假向国内院校学生提供专业训练课程。同时，通常也会组织学生参观当地著名设计空间及举办讲座。英国皇家艺术学院（RCA）定期举办的室内设计游学课程在课程组织上分为四个部分，第一部分讲解RCA英国室内设计历史与文化的课程，授课过程还会由老师带领参观相关的设计博物馆；第二部分以讲解私人空间室内设计的课程为主，详细讲解英国产品设计以及室内设计风格的演变及发展方向，穿插讲解产品设计和室内设计之间的关系以及相互影响，通过参观详细记录英国4个世纪室内设计的杰弗瑞博物馆和现存住宅项目，进行理论与史实、理论与现实的对照；第三部分讲解商业空间的设计课程，通过案例分析讲解零售、酒店、餐饮等商业空间的设计方法，课程中穿插讲解英国建筑设计对室内设计的影响；第四部分讲解可持续设计课程，由RCA可持续课题的负责人介绍及讲解可持续的概念及其社会含义，体会设计与产品可持续、社会可持续、文化可持续之间深刻且不可割裂的关系。

6.3.2 常态国际交换项目

国际交换项目（International Exchange Program）是推动教育国际化的重要一环，是高校间国际合作交流框架下的重要组成部分，通过交换项目可以在体制内提供海外学习交流机会，是培养具有国际意识、国际视野、国际竞争力的重要方式，是实际操作层面加快我国高等教育国际化进程的重要方法，从而切实提高高校的国际化水平。在交换过程中，学生经过为期半年到一年的学习，不仅对于专业的认知有了进一步的提高，同时，经历了独自生活和与外国同学在专业中朝夕相处，对于自身的能力的提高也有很大帮助，这将成为他们学习生活乃至人生中非常重要的经历。部分学校的国际交换项目中还包括教师交换，通过派驻教师进行访学或者研究，提供教师培训及教师研究能力提升的项目。

2015年，清华美院与英国皇家艺术学院、帝国理工学院签署了全球创新设计研究生项目（Global Innovation Design Programme–GID）。全球创新设计项目是一个独立的跨国的硕士教育项目，旨在创造一个在全球范围内独特的教育环境。在艺术、设计、工程、科技及商业领域内开展教学研究方面的合作，学生毕业后获得本学院颁发的硕士学位证书并一同获得由GID国际项目所颁发的证书。

与此同时，聘请外籍全职或兼职教授也成为国内设计院校提高教学水平的一项重要手段，清华大学、同济大学、中央美院等一流院校都相继聘请了国际上著名的教授和设计师参与到教学当中，同时这些学校的国际影响力也得到了显著的提升。

中国室内设计教育现在已然成为了学理派的"本质论"、职业派的"实用论"和先锋派的"未来论"烽火焦灼的主战场，室内设计再次站在了专业学科建设与发展的交叉路口，如何适应当下的职业化、信息化与国际化影响？如何有效地提高室内设计教学质量？需要高等院校教育与行业的共同探索努力。就室内教育系统而言需要构建一种新的多维度架构，以能力及职业技能为底层，借助信息化工具更新学习组织模式，实现中国室内设计教育的国际化。新架构建立的目的并不在于"一元论"，而是基于一种更为多元、开放的教育观念，同时也守住专业底线，守住专业基本功和专业操守，鼓励有益于专业发展的尝试和研究。

6.4.1 个性化及能力优先的新模式

斯坦福在2016年提出一种全新大学模式的设计，即《斯坦福大学2025计划》，计划中对教育新时代的大学发展之路、办学形态、学习模式都给予了探索性设计。计划中提出四个核心"开环大学"（Open-loop）、"自定节奏的教育"（Pace Education）、"轴翻转"（Axis Flip）和"有使命的学习"（Purpose Learning）。这个计划针对慕课的推崇与其对传统学习带来的冲击以及颠覆，进行应对性的大学办学形态调整。

"开环大学"的核心在于解除了入学年龄18岁~22岁的限制，也并不再对学习年限以四年制的方式进行限定，允许学生在一生中任意六年进行学习，课堂的学习不仅仅限定在课室里，可以从课堂以及实践活动中汲取知识；"自定节奏的教育"则是对校园内以年级划分的模式进行了调整，不再是以年级来划分学生，而是以"调整"、"提升"、"启动"三个阶段划分六年的三个学习阶段，按照学生自己的学习节奏自主调节长短，个性化、适应性以及可调控地学习；"轴翻转"的含义是将"先知识后能力"反转为"先能力后知识"，这就是说改变传统大学中按照知识来划分不同院系的归属方法，按照学生的不同能力进行划分，重新建构以能力为核心、以技能为本科学习的基础，组织交叉学科的架构进行能力培养；"有使命的学习"也可以直译为有目的的学习，能够让学生有长远的愿景和使命，自发地融入问题解决过程中，改变以往盲目选择专业的传统学习，学生通过学习和做项目来实现意义和影响，也通过校友的现身说法来指导学生的职业发展。斯坦福大学的建校初衷是"为了个人的成功以及直接的效用"，在一如既往地注重实用的教育理念牵引下，斯坦福这项计划是具有颠覆性的。

室内设计作为与日常生活和社会需求结合度较高的专业，行业所需要的能力培养以及个性化节奏的教学模式有助于学生的学习成长，当然，这种个性化的教学模式其实在操作上也不是全然的放任不管，毕竟学生在入读时对职业规划以及专业理解的程度都不足以支撑他们进行有效的个人规划，因此，实行个性化的教学模式通常意味着教学单位有相应的配套课程和指导手段，满足学生在过程中的指导需要。

斯坦福"知识与能力翻转"的提出，回应了当下信息时代的知识结构特点，高等院校再也不是社会知识的"储藏库"，纯粹的知识记忆已经不是教学目标，而应该以学生的分析能力、思辨能力以及解决问题的能力为出发点。这种高等教育的观念变化其实也有效地解决了学术争论所影响的培养方向问题，在当下价值观多元的社会大背景之下，价值观可以多元并存，但能力、职业的专业程度是大家在不同价值观下，都能达成共识和形成基本的认识标准的。重新定义教学目标与培养目标，清晰界定学生应该掌握的操作技能与解决问题的能力，培养学生的个性以及社会责任感，引导学生有适应性学习的能力与掌握研究工具的能力，是新时期室内设计教育的新模式。

6.4.2　信息化专业课程新架构

专业教学就课程设置而言，高校普遍按照专业基础课程、专业课程、毕业设计三大类进行划分，三大类中每门具体课程的排布划分方式是按照空间类型、规模大小和技术难易程度去进行各年级的课程安排，例如设计课程往往先从居住空间开始，然后拓展到展示空间、商业空间，然后才是大型的酒店设计、公共空间设计。当然，近年来各学校进行了不同程度的教学改革，专业课程紧贴社会需求，出现了一些新兴课程，如参数化设计、虚拟空间设计。部分学者也开始反思这样的课程设置方式和学术逻辑是否严谨。以前室内市场需要设计的空间类型不多，但是在当下商业极度发达的情况下，按类型已经无法穷尽室内设计的类别，如游艇室内设计应不应该纳入教学？医院空间的室内设计和新农村建设的室内设计是否应该增加？当一个院校的专业课程课时容量有限的情况下，如何更好地顾全基本知识点、空间类型和特殊空间需求，是大多数院校当下在安排课程中最为挣扎、讨论最为激烈的矛盾点。

另外一个专业教学的争论则出现在课程体系需求和教师研究兴趣点不一致的情况。这也是高校课程安排中常见的现象，课程体系架构需要有完整性，这种完整性的实现需要依赖教学团队在理念上、教学内容及教学组织上的执行。只有完整的教学框架而没有相应的教学内容支撑、相应的教学训练，也是无法完成整个专业教学的架构。

借助信息化工具和大规模线上网络课程平台，课程的教学内容和教学组织可以放在一个更为有利于学科建设的方向上进行思考，充分利用线上课程的特点促进教学的改革与提升教学效果。如需要较强引导性和针对性辅导的课程还是以线下课程为主，如专业基础课程和毕业设计辅导课程，在毕设课程的辅导中，可以利用网络视频及即时通讯工具，引入实践双导师，帮助学生在专业上、实际情况的处理上得到更多的帮助。而具有较强学理性的专业理论课程、具有较强更新性的专业软件技能课程和案例分析课程，则可以通过在线网络课程和学习追踪系统，减轻教师重复性授课，学生也可以通过线上课程进行学习和复习。

6.4.3 国际视野下的专业思辨

发展成熟的专业均需较为完整的专业理论支撑。或者反过来说，只有专业理论建构完善，才能真正标志专业发展的成熟。新中国成立以来的中国现代室内设计发展已半个多世纪，然而甚为单薄的学科理论体系与整个行业每年数万亿元人民币的产值和大量从业人员之间的对比，不能不令人深思。室内设计专业是否还能在毫无理论体系支撑的基础上再快速发展三十年？室内设计理论的建构基础是什么？一直"借用"建筑设计理论可行吗？室内设计理论的建构应主要由哪些人来承担呢？设计理论和设计实践之间是否有谁引领谁的问题？

许多操作性很强的行业在发展初期，从业者大多并未意识到理论建设的重要性，也很难想到理论与实践具有不同的发展动力、轨迹和方向。但当专业的规模、深度、广度及牵涉的相关学科愈发复杂多样时，原有的工作模式便无法涵盖行业工作的全部，更无法满足行业发展和人才培养的有序、有效，于是理论和实践分野，并由专门的团队全力投入，被分置于不同的部门和机构中，便是必然结果。中国当代室内设计专业的发展正处在这样一个十字路口上。

随着高校学术建设的加强、教学考核指标以及教师评定标准的变化，使得教育教学理念与行业发展目标逐步发生偏移，研究的前瞻性和开创性与实际工程的快速性和经济性出现冲突。而2000年以后的近20年间，室内设计行业的快速发展，让人惊喜地发现，行业成熟度已使其自然而然地生发出对理论研究的迫切需求，室内设计行业开始自发寻求理论依据和前瞻性设计，或者说对设计研究的普遍规律越来越重视，理论和实践之间的关系将有望走向更为健康有序的发展路径。

结合西方学术发展的路径，专业理论能帮助所有从业者提供行之有效的工作方法、培养梯队、拓展领地、寻求机会和不断发展，任何专业的理论建设都能为从业者的学术身份和专业身份背书，理论水平的高度就是本专业在整个文化体系中的位置高度。缺少坚实的学术支撑，从业者自然难以在社会中获得职业尊重，专业教师在大学学科群中也无法获得学术尊重。当设计师总是在抱怨设计不受尊重、社会缺乏设计和文化意识时却很少意识到，室内设计行业的文化身份需要从业者的长期共同努力方能被有效提升。

室内设计行业紧跟时代发展应具备如下特征：其一，专业理论已达较高水平，能为其他学科理论的发展提供理论或成果依据；其二，专业实践对国家经济发展具有极大带动或示范作用，能撬动其他行业和产业的发展；其三，以上两个途径之间的能力和能量互通有无、互相支撑，没有行业经济基础，理论研究便无法获得充分的人力和资金支持，没有高水平的理论引领，行业规模再大，也难具有示范性，更无法撬动其他行业的发展——而这种不良结果就是今天我们在室内设计行业中所见到的真实情形。

综上所述，室内设计专业理论建构将在未来一段时间内将成为理论研究以及学科建设的重点，成熟完整的学术体系是保护学术共同体利益的重要手段，有助于保持专业团队价值观的稳定性，有利于行业和从业者的自我培育和持续成长，有助于形成专业合力，在文化和社会影响两方面争取主动性。专业理论是形成专业教育体系的基础，专业教育既是专业理论研究的重要内容，又是专业理论建设的主力军。不断深入、提升、更新的专业教育体系内容和方式，将能为行业提供源源不断的年轻从业者；这些从业者的专业活动又能反过来，丰富专业的理论和实践成就，推动专业发展持续向前。

通过专业理论研究，为中国室内设计师的文化身份和学术身份定位，这将是一项颇为紧迫的目标。虽然今天的室内设计师大多接受过高等教育，且学习了诸多先进的设计观念和手法，但却依然没能改变自身在中国社会和文化结构中的地位，甚至缺乏对本专业、对自身的清醒认识。迎接新时代的挑战，理性的思考行业未来发展路径，塑造室内设计师在专业领域和社会生活的全新形象，是一项长期而艰巨的任务。

附录

专业编号与名称

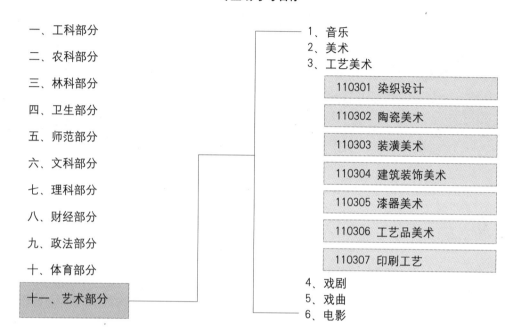

一、工科部分

二、农科部分

三、林科部分

四、卫生部分

五、师范部分

六、文科部分

七、理科部分

八、财经部分

九、政法部分

十、体育部分

十一、艺术部分

1、音乐
2、美术
3、工艺美术

110301	染织设计
110302	陶瓷美术
110303	装潢美术
110304	建筑装饰美术
110305	漆器美术
110306	工艺品美术
110307	印刷工艺

4、戏剧
5、戏曲
6、电影

1963年版《高等学校通用专业目录》中工艺美术类相关专业 ①

---

①根据1963年经国务院批准,由国家计委、教育部共同修订的《高等学校通用专业目录》整理。数据来源《中国教育年鉴》(1949—1981)。

专业编号与名称

一、中国语言文学类

二、历史学类

三、哲学类

四、社会学类

五、新文学类

六、图书情报档案学类

七、政治学类

八、马克思主义理论、
思想政治教育类

九、法学类

十、经济、管理学类

十一、外国语言文学类

十二、艺术部分

1201 作曲与作曲技术理论　1209 音乐音响导演
1202 指挥　　　　　　　　1210 中国画
1203 音乐学　　　　　　　1211 油画
1204 演唱　　　　　　　　1212 版画
1205 键盘乐器演奏　　　　1213 壁画
1206 管弦（打击）乐器演奏　1214 民间和通俗美术
1207 中国乐器演奏　　　　1215 雕塑
1208 音乐文学　　　　　　1216 美术史论

1217 环境艺术设计

1218 工业造型设计

1219 染织设计

1220 服装设计

1221 陶瓷设计

1222 漆艺

1223 装潢设计

1224 装饰艺术设计

1225 工艺美术历史及理论

1226 戏剧导演　　　　　　1239 舞蹈教育
1227 戏剧（影视）表演　　1240 文艺编导
1228 戏剧文学　　　　　　1241 电视专题节目编辑
1229 舞台设计　　　　　　1242 电视导演
1230 灯光和音响设计　　　1243 电影文学
1231 服装和化妆设计　　　1244 电影导演
1232 戏曲文学　　　　　　1245 电影表演
1233 戏曲表演　　　　　　1246 电影摄影
1234 戏曲导演　　　　　　1247 动画
1235 戏曲作曲　　　　　　1248 电影电视美术设计
1236 戏曲舞台美术设计　　1249 录音艺术
1237 舞蹈史与舞蹈理论　　1250 文化事业管理
1238 舞蹈编导

1987年版《普通高等学校社会科学本科专业目录》中的设计类相关专业

学科门类	二级类代码及名称	专业代码及名称	
		050401 音乐学	050409 音乐音响导演
		050402 指挥	050410 中国画
01 哲学		050403 作曲与作曲技术理论	050411 油画
02 经济学		050404 演唱	050412 版画
03 法学		050405 键盘乐器演奏	050413 壁画
04 教育学		050406 管弦（打击）乐器演奏	050414 民间和通俗美术
		050407 中国乐器演奏	050415 雕塑
		050408※乐器修造艺术（注：可授文学或工学学士学位）	
05 文学	0504 艺术类	050416 环境艺术设计	
		050417 工艺美术学	
06 历史学		050418 染织艺术设计	
07 理学		050419 服装艺术设计	
		050420 陶瓷艺术设计	
08 工学	0803 机械类	050421 装潢艺术设计	
		050422 装饰艺术设计	
09 农学		050423 导演	050436 电视编辑
10 医学		050424 表演	050437 电影文学
		050425 戏剧文学	050438 电影摄影
	080316 工业设计（注：可授工学或文学学士学位）	050426 舞台设计	050439 动画
		050427 灯光设计	050440 电影电视美术设计
		050428 演出音响设计	050441 录音艺术
		050429 服装和化妆设计	050442 文化艺术事业管理
		050430 戏曲文学	050443※广播电视文学
		050431 戏曲作曲	050444※影像工程（注：可授文学或工学学士学位）
		050432 舞蹈史与舞蹈理论	
		050433 舞蹈编导	050445 音乐教育
		050434 舞蹈教育	050446 美术教育
		050435 文艺编导	

1993年版《普通高等学校本科专业目录》中的设计类相关专业 [1]

①根据1993年7月，国家教委印发《普通高等学校本科专业目录》整理。数据来源《中国教育年鉴》（1994年）。

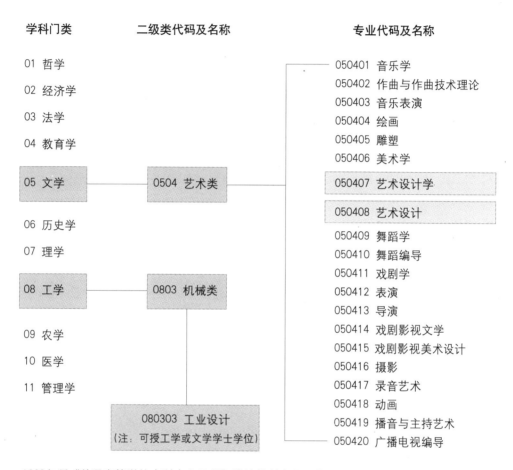

学科门类	二级类代码及名称	专业代码及名称
01 哲学		050401 音乐学
02 经济学		050402 作曲与作曲技术理论
03 法学		050403 音乐表演
04 教育学		050404 绘画
		050405 雕塑
		050406 美术学
05 文学	0504 艺术类	050407 艺术设计学
		050408 艺术设计
06 历史学		050409 舞蹈学
07 理学		050410 舞蹈编导
		050411 戏剧学
08 工学	0803 机械类	050412 表演
		050413 导演
09 农学		050414 戏剧影视文学
10 医学		050415 戏剧影视美术设计
11 管理学		050416 摄影
		050417 录音艺术
	080303 工业设计	050418 动画
	（注：可授工学或文学学士学位）	050419 播音与主持艺术
		050420 广播电视编导

1998年版《普通高等学校本科专业目录》设计学科专业目录

学科门类	一级学科代码及名称	二级学科代码及名称
01 哲学		
02 经济学		
03 法学		
04 教育学		
05 文学		
06 历史学		
07 理学		
08 工学		
09 农学	1301 艺术学理论	130501 艺术设计学
10 医学	1302 音乐与舞蹈学	130502 视觉传达设计
11 军事学	1303 戏剧与影视学	130503 环境设计
12 管理学	1304 美术学	130504 产品设计
13 艺术学	1305 设计学（注：可授艺术学或工学学士学位）	130505 服装与服饰设计
		130506 公共艺术
		130507 工艺美术
		130508 数字媒体艺术

2012年版设计学科专业目录 ①

①根据《学位授予和人才培养学科目录（2011年）》整理，数据来源于《学位授予和人才培养一级学科简介》，国务院学位委员会第六届学科评议组编.高等教育出版社。

附录B
中国高等学校室内设计教育调查问卷

（高等学校包括：大学本科、专科）

您的信息仅供研究之用，请填写真实客观的资料信息

室内设计专业（方向）的概况

1.您任教的高校名称： _____

2.室内设计专业（方向）所在的教学单位名称（请填写）：

（学院）_____（系、室）_____（其他）_____

3.室内设计专业（方向）的学生在毕业时，被授予的学位是 _____

A.艺术学　B.建筑学　C.文学　D.工学　E.其他（请填写）_____

4.室内设计专业（方向）在贵校创设的时间（请填写）_____年_____月

5.从室内设计专业（方向）初创至今，教学单位（院、系）名称变化（请填写）

_____

6.室内设计专业（方向）人才培养目标与定位是（可多选）_____

A.培养熟练掌握计算机绘图、装饰工程设计、施工技术，适应市场需求的**职业技能人才**

B.培养具备较强项目策划、设计服务与经营管理能力的**管理型人才**

C.具有良好的综合素质、较强实践能力和创新精神**综合型高级设计人才**

D.培养具有国际视野、宽厚理论知识，富有创新和思辨精神的**研究型人才**

E.培养能够在设计机构、企事业单位和高等学校从事设计、管理、教学、科研，具有多种职业适应能力的**行业中坚力量和领军人才**

F.其他（请填写）：_____

室内设计专业（方向）的师资情况

以下问题，请填写所在教学单位从事室内设计方向教学的专业教师人数：

1.职称结构：教授_____人；副教授_____人；讲师_____人

2.年龄结构：35岁以下_____人；35岁~45岁_____人；46岁~60岁_____人

3.学历背景：学士_____人；硕士_____人；博士_____人

4.专业背景：设计类_____人；美术类_____人；建筑类_____人；

文史类_____人；其他_____人（请填写类别）_____

5.留学背景：具有海外留学经历_____人

6.外聘教师：_____人；其中，中国教师_____人，外籍教师（独立或完整承担一门以上教学课程的）_____人

室内设计专业（方向）的学生情况

（若不单独设立该专业，请填写所在系学生情况，如环境艺术设计系）

1.您所在教学单位室内设计专业（方向）2015级招生人数：

专科_____人；本科_____人；硕士研究生_____人；博士研究生_____人；

2.所招学生（本科、专科）**高考是否提前参加艺术类专业考试：**_____

A.参加　B.不参加　C.部分参加

3.2015年，室内设计专业（方向）**本科**（或专科）**学生毕业去向比例为：**

设计机构_____%　企事业单位（从事专业相关工作）_____%

出国深造_____%　国内读研_____%

自主创业_____%　其他行业_____%

室内设计专业（方向）的教学情况

1.**专业设计课程课堂学生人数：**_____

A.15人及以下　B.16人～30人　C.31人～45人　D.46人～60人　E.60人以上

2.**是否有海外交流的教学环节**（如境外交换学习、联合培养、社会实践等）_____

A.是　B.否

3.**参与海外交流教学环节的学生人数占总人数的比例约为：**_____%

4.**2015-2016学年度，各年级课程表**（公共课、基础课、专业基础课、专业课、选修课等）：

序号	省级行政单位	高校名称	院校类型	985	211	学院（系别）名称	网址
1	北京市	清华大学	工科	√	√	美术学院	http://www.tsinghua.edu.cn
2	北京市	北京交通大学	工科		√	建筑与艺术学院	http://www.bjtu.edu.cn
3	北京市	北京工业大学	工科		√	艺术设计学院环	http://www.bjut.edu.cn
4	北京市	北京理工大学	工科	√	√	设计与艺术学院	http://www.bit.edu.cn
5	北京市	北方工业大学	工科			建筑与艺术学院	http://www.ncut.edu.cn
6	北京市	北京工商大学	财经			艺术与传媒学院	http://www.btbu.edu.cn
7	北京市	北京服装学院	工科			艺术设计学院	http://www.bift.edu.cn
8	北京市	北京建筑大学	工科			建筑与城市规划学院	http://www.bucea.edu.cn
9	北京市	北京农学院	农业			园林学院	https://www.bua.edu.cn
10	北京市	北京林业大学	林业		√	艺术设计学院	http://m.bjfu.edu.cn
11	北京市	北京师范大学	师范	√	√	艺术与传媒学院	http://www.bnu.edu.cn
12	北京市	首都师范大学	师范			美术学院	http://www.cnu.edu.cn
13	北京市	中央美术学院	艺术			建筑学院	http://www.cafa.edu.cn
14	北京市	中央民族大学	民族	√		美术学院	http://www.muc.edu.cn
15	北京市	中华女子学院	语言			艺术学院	http://www.cwu.edu.cn
16	北京市	北京联合大学	综合			艺术学院	http://www.buu.edu.cn
17	北京市	北京城市学院	综合			艺术学部	http://www.bcu.edu.cn
18	北京市	首钢工学院	工科			建筑与环保工程系	http://www.sgit.edu.cn
19	北京市	北京吉利学院	综合			设计学院	http://www.bgu.edu.cn
20	北京市	首都师范大学科德学院	语言			艺术设计学院	http://www.kdcnu.com
21	北京市	北京工业大学耿丹学院	综合			艺术设计系	http://gengdan.cn

序号	省级行政单位	高校名称	院校类型	985	211	学院（系别）名称	网址
22	天津市	南开大学	综合	✓	✓	文学院	http://www.nankai.edu.cn
23	天津市	天津大学	工科	✓	✓	建筑学院	http://www.tju.edu.cn
24	天津市	天津科技大学	工科			艺术设计学院	http://www.tust.edu.cn
25	天津市	天津工业大学	工科			艺术与服装学院	http://www.tjpu.edu.cn
26	天津市	天津理工大学	工科			艺术学院	http://www.tjut.edu.cn
27	天津市	天津农学院	农业			园艺园林学院	http://www.tjac.edu.cn
28	天津市	天津师范大学	师范			美术与设计学院	http://www.tjnu.edu.cn
29	天津市	天津商业大学	财经			设计学院	https://www.tjcu.edu.cn
30	天津市	天津财经大学	财经			艺术学院	http://www.tjufe.edu.cn
31	天津市	天津美术学院	艺术			环境与建筑艺术学院	http://www.tjarts.edu.cn
32	天津市	天津城建大学	工科			城市艺术学院	http://www.tcu.edu.cn
33	天津市	天津体育学院运动与文化艺术学院	体育			视觉艺术学院	http://www.tjtwy.cn
34	天津市	天津商业大学宝德学院	财经			艺术设计学院	http://www.boustead.edu.cn
35	天津市	南开大学滨海学院	综合			艺术系	http://binhai.nankai.edu.cn
36	天津市	天津师范大学津沽学院	综合			艺术设计系	http://jgxy.tjnu.edu.cn
37	天津市	天津大学仁爱学院	综合			建筑系	http://www.tjrac.edu.cn
38	天津市	天津财经大学珠江学院	综合			艺术系	http://zhujiang.tjufe.edu.cn
39	河北省	河北大学	综合			艺术学院	http://www.hbu.edu.cn
40	河北省	河北工程大学	工科			建筑学系	http://www.hebeu.edu.cn
41	河北省	河北地质大学	财经			艺术设计学院	http://www.hgu.edu.cn

序号	省级行政单位	高校名称	院校类型	985	211	学院（系别）名称	网址
42	河北省	河北工业大学	工科		√	建筑与艺术设计学院	http://www.hebut.edu.cn
43	河北省	华北理工大学	综合			艺术学院	http://www.ncst.edu.cn
44	河北省	河北科技大学	工科			艺术学院	http://www.hebust.edu.cn
45	河北省	河北建筑工程学院	工科			建筑与艺术学院	http://www.hebiace.edu.cn
46	河北省	河北农业大学	农业			艺术学院	http://www.hebau.edu.cn
47	河北省	河北北方学院	医药			艺术学院	http://www.hebeinu.edu.cn
48	河北省	河北师范大学	师范			美术与设计学院	http://www.hebtu.edu.cn
49	河北省	河北民族师范学院	师范			美术与设计学院	http://www.hbun.edu.cn
50	河北省	唐山师范学院	师范			美术系	http://www.tstc.edu.cn
51	河北省	廊坊师范学院	师范			美术学院	http://www.lfsfxy.edu.cn
52	河北省	衡水学院	师范			美术学院	http://www.hsnc.edu.cn
53	河北省	石家庄学院	师范			美术学院	http://www.sjzc.edu.cn
54	河北省	邯郸学院	师范			艺术与设计学院	http://www.hdc.edu.cn
55	河北省	邢台学院	师范			美术与设计学院	http://www.xttc.edu.cn
56	河北省	沧州师范学院	师范			美术系	http://www.caztc.edu.cn
57	河北省	石家庄铁道大学	工科			建筑与艺术学院	http://www.stdu.edu.cn
58	河北省	燕山大学	工科			艺术与设计学院	http://www.ysu.edu.cn
59	河北省	河北科技师范学院	师范			艺术学院	http://www.hevttc.edu.cn
60	河北省	唐山学院	工科			艺术系	http://www.tsc.edu.cn
61	河北省	华北科技学院	工科			艺术系	http://www.ncist.edu.cn
62	河北省	河北经贸大学	财经			艺术学院	http://www.heuet.edu.cn
63	河北省	河北传媒学院	艺术			艺术设计学院	http://www.hebic.cn

序号	省级行政单位	高校名称	院校类型	985	211	学院（系别）名称	网址
64	河北省	河北工程技术学院	财经			建筑学院	http://www.hbfsh.com
65	河北省	河北美术学院	艺术			环境艺术学院	http://www.hbafa.com
66	河北省	河北科技学院	工科			艺术学院	http://www.hbkjxy.cn
67	河北省	河北大学工商学院	综合			人文学部	http://www.hicc.cn
68	河北省	华北理工大学轻工学院	工科			设计学部	http://www.qgxy.cn
69	河北省	河北科技大学理工学院	工科			艺术学部	http://hbklg.hebust.edu.cn
70	河北省	河北师范大学汇华学院	师范			艺术学部	http://huihua.hebtu.edu.cn
71	河北省	华北电力大学科技学院	工科			艺术设计系	http://www.hdky.edu.cn
72	河北省	河北工程大学科信学院	工科			建筑学院	http://kexin.hebeu.edu.cn
73	河北省	燕山大学里仁学院	工科			文法学院	http://stc.ysu.edu.cn
74	河北省	河北地质大学	综合			华信学院	http://www.sizuehx.cn
75	河北省	河北农业大学	农业			现代科技学院	http://www.hebau.edu.cn
76	河北省	保定理工学院	综合			艺术系	http://www.cuggw.com
77	河北省	燕京理工学院	综合			艺术学院	http://www.yit.edu.cn
78	河北省	北京交通大学海滨学院	工科			艺术系	http://www.bjtuhbxy.cn
79	山西省	山西大学	综合			美术学院	http://www.sxu.edu.cn
80	山西省	太原科技大学	工科			艺术学院	http://www.tyust.edu.cn
81	山西省	中北大学	工科			艺术学院	http://www.nuc.edu.cn
82	山西省	太原理工大学	工科		✓	艺术学院	http://www.tyut.edu.cn
83	山西省	山西农业大学	农业			园艺学院	http://www.sxau.edu.cn
84	山西省	山西师范大学	师范			美术学院	http://www.sxnu.edu.cn
85	山西省	太原师范学院	师范			设计系	http://www.tynu.edu.cn
86	山西省	山西大同大学	综合			美术学院	http://www.sxdtdx.edu.cn

序号	省级行政单位	高校名称	院校类型	985	211	学院（系别）名称	网址
87	山西省	晋中学院	师范			美术学院	http://www.jzxy.edu.cn
88	山西省	长治学院	师范			美术系	http://www.czc.edu.cn
89	山西省	运城学院	师范			美术与工艺设计系	http://www.ycu.edu.cn
90	山西省	山西财经大学	财经			文化传播学院	http://www.sxufe.edu.cn
91	山西省	山西应用科技学院	综合			艺术学院	http://www.sxxh.org
92	山西省	山西大学商务学院	财经			艺术设计系	http://www.bcsxu.edu.cn
93	山西省	太原理工大学现代科技学院	工科			艺术设计系	http://www.xdkj.tyut.edu.cn
94	山西省	山西农业大学信息学院	农业			艺术传媒系	http://www.cisau.com.cn
95	山西省	太原工业学院	工科			设计艺术系	http://www.tit.edu.cn
96	山西省	山西传媒学院	艺术			艺术设计系	http://www.arft.net
97	内蒙古自治区	内蒙古大学	综合		√	艺术学院	http://www.imu.edu.cn
98	内蒙古自治区	内蒙古科技大学	综合			艺术与设计学院	http://www.imust.cn
99	内蒙古自治区	内蒙古工业大学	工科			建筑学院	http://www.imut.edu.cn
100	内蒙古自治区	内蒙古师范大学	师范			美术学院	https://www.imnu.edu.cn
101	内蒙古自治区	内蒙古民族大学	综合			美术学院	https://www.imun.edu.cn
102	内蒙古自治区	赤峰学院	综合			美术学院	http://www.cfxy.cn
103	内蒙古自治区	呼伦贝尔学院	综合			美术系	http://www.hlbrc.cn
104	内蒙古自治区	集宁师范学院	师范			美术系	http://www.jntc.nm.cn
105	内蒙古自治区	河套学院	综合			艺术系	http://www.hetaodaxue.com
106	内蒙古自治区	呼和浩特民族学院	语言			美术系	http://www.imnc.edu.cn
107	内蒙古自治区	内蒙古大学创业学院	综合			艺术教学部	http://www.imuchuangye.cn
108	内蒙古自治区	内蒙古师范大学鸿德学院	师范			艺术系	http://www.honder.com

序号	省级行政单位	高校名称	院校类型	985	211	学院（系别）名称	网址
109	辽宁省	辽宁大学	综合		√	艺术学院	http://www.lnu.edu.cn
110	辽宁省	大连理工大学	工科	√	√	建筑与艺术学院	https://www.dlut.edu.cn
111	辽宁省	沈阳工业大学	工科			文法学院	https://www.sut.edu.cn
112	辽宁省	沈阳航空航天大学	工科			设计艺术学院	http://www.sau.edu.cn
113	辽宁省	沈阳理工大学	工科			艺术设计学院	http://www.sylu.edu.cn
114	辽宁省	东北大学	工科	√	√	艺术学院	http://www.neu.edu.cn
115	辽宁省	辽宁科技大学	工科			建筑与艺术设计学院	http://www.ustl.edu.cn
116	辽宁省	沈阳化工大学	工科			工业与艺术设计系	http://www.syuct.edu.cn
117	辽宁省	大连交通大学	工科			艺术学院	http://www.djtu.edu.cn
118	辽宁省	大连工业大学	工科			艺术设计学院	http://www.dlpu.edu.cn
119	辽宁省	沈阳建筑大学	工科			设计艺术学院	http://www.sjzu.edu.cn
120	辽宁省	辽宁工业大学	工科			艺术设计与建筑学院	https://www.lnit.edu.cn
121	辽宁省	大连海洋大学	农业			艺术与传媒学院	http://www.dlou.edu.cn
122	辽宁省	辽宁师范大学	师范			美术学院	https://www.lnnu.edu.cn
123	辽宁省	沈阳师范大学	师范			美术与设计学院	https://www.synu.edu.cn
124	辽宁省	渤海大学	综合			艺术与传媒学院	http://www.bhu.edu.cn
125	辽宁省	鞍山师范学院	师范			美术学院	http://www.asnc.edu.cn
126	辽宁省	大连外国语大学	语言			国际艺术学院	http://www.dlufl.edu.cn
127	辽宁省	鲁迅美术学院	艺术			环境艺术设计系	http://www.lumei.edu.cn
128	辽宁省	辽宁对外经贸学院	财经			国际商学院	http://www.luibe.edu.cn
129	辽宁省	沈阳大学	综合			美术学院	https://www.syu.edu.cn

序号	省级行政单位	高校名称	院校类型	985	211	学院（系别）名称	网址
130	辽宁省	大连大学	综合			美术学院	http://www.dlu.edu.cn
131	辽宁省	辽宁科技学院	工科			人文艺术学院	https://www.lnist.edu.cn
132	辽宁省	辽东学院	财经			艺术与设计学院	http://www.elnu.edu.cn
133	辽宁省	大连理工大学城市学院	工科			建筑工程学院	http://www.dl-city.com
134	辽宁省	沈阳工业大学工程学院	工科			文法学院艺术系	https://www.sut.edu.cn
135	辽宁省	沈阳工学院	工科			艺术与传媒学院	http://www.syyy.com.cn
136	辽宁省	大连工业大学艺术与信息工程学院	工科			艺术与信息工程学院	http://www.caie.org
137	辽宁省	沈阳城市建设学院	工科			建筑与艺术系	http://www.syucu.cn
138	辽宁省	大连医科大学中山学院	医药			艺术学院	http://www.dmuzs.edu.cn
139	辽宁省	辽宁师范大学海华学院	师范			艺术系	http://www.lshhxy.cn
140	辽宁省	辽宁理工学院	综合			艺术系	http://www.lise.edu.cn
141	辽宁省	沈阳城市学院	综合			建筑工程学院	http://www.shenyangcu.edu.cn
142	辽宁省	辽宁科技大学信息技术学院	工科			艺术设计系	http://www.ustl.edu.cn
143	辽宁省	大连艺术学院	艺术			艺术设计学院	http://www.dac.edu.cn
144	辽宁省	辽宁何氏医学院	医药			艺术学院	http://www.he-edu.com
145	辽宁省	辽宁财贸学院	综合			艺术设计系	http://www.lncmxy.com
146	辽宁省	辽宁传媒学院	艺术			艺术设计学院	http://www.lncu.cn
147	吉林省	吉林大学	综合	√		艺术学院	http://www.jlu.edu.cn
148	吉林省	延边大学	综合		√	美术学院	http://www.ybu.edu.cn
149	吉林省	长春理工大学	工科			文学院	https://www.cust.edu.cn
150	吉林省	东北电力大学	工科			艺术学院	http://www.neepu.edu.cn

序号	省级行政单位	高校名称	院校类型	985	211	学院（系别）名称	网址
151	吉林省	长春工业大学	工科			艺术设计学院	http://www.ccut.edu.cn/ccut.html
152	吉林省	吉林建筑大学	工科			艺术设计学院	http://www.jliae.edu.cn
153	吉林省	东北师范大学	师范		√	美术学院	http://www.nenu.edu.cn
154	吉林省	北华大学	综合			美术学院	http://www.beihua.edu.cn
155	吉林省	通化师范学院	师范			美术学院	http://www.thnu.edu.cn
156	吉林省	吉林师范学院	师范			美术学院	http://www.jlnu.edu.cn
157	吉林省	吉林工程技术师范学院	师范			艺术学院	http://www.jltiet.net
158	吉林省	长春师范大学	师范			美术学院	http://www.ccsfu.edu.cn
159	吉林省	白城师范学院	师范			美术学院	http://www.bcsfxy.com
160	吉林省	吉林艺术学院	艺术			设计学院	http://www.jlart.edu.cn
161	吉林省	长春工程学院	工科			建筑与设计学院	http://www.ccit.edu.cn
162	吉林省	长春大学	综合			美术学院	http://www.ccu.edu.cn
163	吉林省	长春光华学院	综合			视觉艺术设计学院	http://www.ghu.edu.cn
164	吉林省	长春工业大学人文信息学院	工科			艺术设计系	http://www.ccutchi.com
165	吉林省	长春理工大学光电信息学院	工科			传媒艺术学院	http://www.csoei.com
166	吉林省	吉林建筑科技学院	工科			城建学院	http://www.jlucc.edu.cn
167	吉林省	长春建筑学院	工科			公共艺术学院	http://www.jladi.com
168	吉林省	长春科技学院	综合			视觉艺术学院	http://www.jlaudev.com.cn
169	吉林省	吉林动画学院	艺术			设计学院	http://www.jlai.edu.cn
170	吉林省	吉林师范大学博达学院	师范			艺术系	http://www.bdxy.com.cn

序号	省级行政单位	高校名称	院校类型	985	211	学院（系别）名称	网址
171	吉林省	长春大学旅游学院	综合			艺术学院	http://www.tccu.edu.cn
172	吉林省	东北师范大学人文学院	综合			艺术学院	http://www.chsnenu.edu.cn
173	黑龙江省	黑龙江大学	综合			艺术学院	http://www.hlju.edu.cn
174	黑龙江省	哈尔滨工业大学	工科	√	√	建筑学院	http://www.hit.edu.cn
175	黑龙江省	哈尔滨理工大学	工科			艺术学院	http://www.hrbust.edu.cn
176	黑龙江省	东北石油大学	工科			艺术学院	http://www.nepu.edu.cn
177	黑龙江省	佳木斯大学	综合			美术学院	http://www.jmsu.edu.cn
178	黑龙江省	东北农业大学	农业		√	艺术学院	http://www.neau.edu.cn
179	黑龙江省	东北林业大学	林业		√	园林学院	http://www.nefu.edu.cn
180	黑龙江省	哈尔滨师范大学	师范			美术学院	http://www.hrbnu.edu.cn
181	黑龙江省	齐齐哈尔大学	综合			美术与艺术设计学院	http://www.qqhru.edu.cn
182	黑龙江省	牡丹江师范学院	师范			美术与设计学院	http://www.mdjnu.cn
183	黑龙江省	哈尔滨学院	综合			艺术与设计学院	http://www.hrbu.edu.cn
184	黑龙江省	大庆师范学院	综合			美术与设计学院	http://www.dqsy.net
185	黑龙江省	绥化学院	综合			艺术设计学院	http://www.shxy.edu.cn
186	黑龙江省	哈尔滨商业大学	财经			设计艺术学院	http://www.hrbcu.edu.cn
187	黑龙江省	黑龙江工业学院	工科			艺术学部	http://www.hljut.edu.cn
188	黑龙江省	黑龙江东方学院	综合			艺术设计学院	http://www.dfxy.net
189	黑龙江省	哈尔滨信息工程学院	工科			艺术设计学院	http://www.hxci.com.cn
190	黑龙江省	黑龙江工程学院	工科			艺术学院	http://www.hljit.edu.cn
191	黑龙江省	齐齐哈尔工程学院	综合			建筑工程系	http://www.qqhrit.com
192	黑龙江省	黑龙江外国语学院	师范			艺术系	http://www.hiu.edu.cn

序号	省级行政单位	高校名称	院校类型	985	211	学院（系别）名称	网址
193	黑龙江省	黑龙江财经学院	财经			艺术系	http://www.hfu.edu.cn
194	黑龙江省	黑龙江工商学院	农业			艺术与传媒系	https://www.hibu.edu.cn
195	黑龙江省	哈尔滨远东理工学院	工科			艺术设计学院	http://www.fe-edu.com.cn
196	黑龙江省	哈尔滨剑桥学院	综合			艺术学院	http://www.jqu.net.cn
197	黑龙江省	黑龙江工程学院昆仑旅游学院	工科			艺术系	http://www.kllyxy.com
198	黑龙江省	哈尔滨广厦学院	综合			艺术与传媒学院	http://www.gsxy.cn
199	黑龙江省	哈尔滨华德学院	工科			艺术与传媒学院	http://www.hhdu.edu.cn
200	黑龙江省	黑河学院	综合			美术与设计学院	http://www.hhhxy.cn
201	上海市	同济大学	工科	√	√	建筑与城市规划学院	https://www.tongji.edu.cn
202	上海市	上海交通大学	综合	√	√	媒体与设计学院	https://www.sjtu.edu.cn
203	上海市	华东理工大学	工科		√	艺术设计与传媒学院	https://www.ecust.edu.cn
204	上海市	上海理工大学	工科			出版印刷与艺术设计学院	http://www.usst.edu.cn
205	上海市	东华大学	工科		√	服装艺术设计学院	https://www.dhu.edu.cn
206	上海市	上海应用技术大学	工科			艺术与设计学院	https://www.sit.edu.cn
207	上海市	华东师范大学	师范	√		设计学院	http://www.ecnu.edu.cn
208	上海市	上海师范大学	师范			美术学院艺	http://www.shnu.edu.cn
209	上海市	上海大学	综合		√	美术学院	http://www.shu.edu.cn
210	上海市	上海工程技术大学	工科			艺术设计学院	http://www.sues.edu.cn
211	上海市	上海杉达学院	财经			艺术与设计学院	http://www.sandau.edu.cn

序号	省级行政单位	高校名称	院校类型	985	211	学院（系别）名称	网址
212	上海市	上海第二工业大学	工科			应用艺术设计学院	http://www.sspu.edu.cn
213	上海市	上海商学院	财经			艺术与设计学院	http://www.sbs.edu.cn
214	上海市	上海建桥学院	综合			艺术设计学院	https://www.gench.edu.cn
215	上海市	上海视觉艺术学院	艺术			设计学院	http://www.siva.edu.cn
216	上海市	上海外国语大学贤达经济人文学院	财经			文化产业与管理学院	http://www.xdsisu.edu.cn
217	上海市	上海师范大学天华学院	综合			艺术设计学院	http://www.sthu.cn
218	江苏省	苏州大学	综合		√	艺术学院	http://www.suda.edu.cn
219	江苏省	东南大学	综合	√	√	艺术学院	https://www.seu.edu.cn
220	江苏省	南京航空航天大学	工科		√	艺术学院	http://www.nuaa.edu.cn
221	江苏省	南京理工大学	工科		√	设计艺术与传媒学院	http://www.njust.edu.cn
222	江苏省	中国矿业大学	工科		√	徐海学院文学与艺术系	http://www.cumt.edu.cn
223	江苏省	南京工业大学	工科			建筑艺术部艺术设计学院	http://www.njtech.edu.cn
224	江苏省	常州大学	工科			艺术学院	https://www.cczu.edu.cn
225	江苏省	江南大学	综合		√	设计学院	http://www.jiangnan.edu.cn
226	江苏省	南京林业大学	林业			艺术设计学院	https://www.njfu.edu.cn
227	江苏省	江苏大学	综合			艺术学院	http://www.ujs.edu.cn
228	江苏省	南京信息工程大学	工科			传媒与艺术学院	https://www.nuist.edu.cn
229	江苏省	南通大学	综合			艺术学院	http://www.ntu.edu.cn
230	江苏省	盐城工学院	工科			设计艺术学院	http://www.ycit.cn

序号	省级行政单位	高校名称	院校类型	985	211	学院（系别）名称	网址
231	江苏省	南京师范大学	师范		✓	美术学院	http://www.njnu.edu.cn
232	江苏省	江苏师范大学	师范			美术学院	http://www.xznu.edu.cn
233	江苏省	淮阴师范学院	师范			美术学院	http://www.hytc.edu.cn
234	江苏省	盐城师范学院	师范			美术与设计学院	http://www.yctc.edu.cn
235	江苏省	南京财经大学	财经			艺术设计学院	http://www.nufe.edu.cn
236	江苏省	南京艺术学院	艺术			设计学院	http://www.nua.edu.cn
237	江苏省	苏州科技大学	工科			建筑与城市规划学院	http://www.usts.edu.cn
238	江苏省	常熟理工学院	综合			艺术与服装工程学院	http://www.cslg.cn
239	江苏省	淮阴工学院	工科			设计艺术学院	http://www.hyit.edu.cn
240	江苏省	常州工学院	工科			艺术与设计学院	http://www.czu.cn
241	江苏省	扬州大学	综合			美术与设计学院	http://www.yzu.edu.cn
242	江苏省	三江学院	综合			艺术学院设计系	http://www.sju.edu.cn
243	江苏省	南京工程学院	工科			艺术与设计学院	http://www.njit.edu.cn
244	江苏省	南京晓庄学院	师范			美术学院	http://www.njxzc.edu.cn
245	江苏省	江苏理工学院	工科			艺术设计学院	http://www.jstu.edu.cn
246	江苏省	江苏海洋大学	工科			艺术学院	http://www.hhit.edu.cn
247	江苏省	徐州工程学院	工科			艺术学院	http://www.xzit.edu.cn
248	江苏省	南通理工学院	理工			建筑工程学院	http://www.ntit.edu.cn
249	江苏省	东南大学成贤学院	综合			建筑与艺术学院	https://www.cxxy.seu.edu.cn
250	江苏省	无锡太湖学院	综合			土木工程学院	http://www.wxu.edu.cn
251	江苏省	金陵科技学院	综合			艺术学院	http://www.jit.edu.cn

序号	省级行政单位	高校名称	院校类型	985	211	学院（系别）名称	网址
252	江苏省	中国矿业大学徐海学院	工科			文学与艺术系	http://xhxy.cumt.edu.cn
253	江苏省	南京大学金陵学院	综合			艺术学院	http://www.jlxy.nju.edu.cn
254	江苏省	南京航空航天大学金城学院	工科			艺术系	http://jc.nuaa.edu.cn
255	江苏省	中国传媒大学南广学院	艺术			艺术设计学院	http://www.cucn.edu.cn
256	江苏省	南京理工大学泰州科技学院	工科			土木工程学院	http://www.nustti.edu.cn
257	江苏省	南京师范大学泰州学院	师范			美术学院	https://www.nnutc.edu.cn
258	江苏省	南京工业大学浦江学院	综合			艺术学院	http://web.njpji.cn
259	江苏省	南京师范大学中北学院	综合			美术系	http://www.nnudy.edu.cn
260	江苏省	苏州大学文正学院	综合			艺术系	http://www.sdwz.cn
261	江苏省	苏州科技大学天平学院	综合			园林艺术系	http://tpxy.usts.edu.cn
262	江苏省	江苏大学京江学院	综合			艺术设计系	http://jjxy.ujs.edu.cn
263	江苏省	扬州大学广陵学院	综合			旅游与艺术系	http://glxy.yzu.edu.cn
264	江苏省	常州大学怀德学院	综合			艺术系	http://hdc.cczu.edu.cn
265	江苏省	南通大学杏林学院	综合			艺术系	http://xlxy.ntu.edu.cn
266	江苏省	江苏第二师范学院	师范			美术系	http://www.jssnu.edu.cn
267	浙江省	昆山杜克大学	综合		√	数字媒体艺术专业	https://dukekunshan.edu.cn
268	浙江省	浙江大学	综合	√		设计艺术学系	http://www.zju.edu.cn
269	浙江省	浙江工业大学	工科			艺术学院	http://www.zjut.edu.cn
270	浙江省	浙江理工大学	工科			艺术与设计学院	http://www.zstu.edu.cn
271	浙江省	浙江农林大学	林业			艺术与设计学院	http://www.zafu.edu.cn
272	浙江省	浙江师范大学	师范			美术学院	http://www.zjnu.edu.cn

序号	省级行政单位	高校名称	院校类型	985	211	学院（系别）名称	网址
273	浙江省	杭州师范大学	师范			美术学院	https://www.hznu.edu.cn
274	浙江省	湖州师范学院	师范			艺术学院	http://www.zjhu.edu.cn
275	浙江省	绍兴文理学院	师范			美术学院	http://www.usx.edu.cn
276	浙江省	台州学院	综合			艺术学院	http://www.tzc.edu.cn
277	浙江省	温州大学	综合			美术与设计学院	http://www.wzu.edu.cn
278	浙江省	丽水学院	师范			工程与设计学院	http://www.lsu.edu.cn
279	浙江省	浙江工商大学	财经			艺术设计学院	http://www.hzic.edu.cn
280	浙江省	嘉兴学院	财经			设计学院	http://www.zjxu.edu.cn
281	浙江省	中国美术学院	艺术			建筑艺术学院	http://www.caa.edu.cn
282	浙江省	中国计量大学	工科			艺术设计学院	http://www.cjlu.edu.cn
283	浙江省	浙江万里学院	工科			设计艺术与建筑学院	https://www.zwu.edu.cn
284	浙江省	浙江科技学院	工科			艺术设计学院	https://www.zust.edu.cn
285	浙江省	宁波工程学院	工科			建筑工程学院	http://www.nbut.cn
286	浙江省	浙江财经大学	财经			艺术学院	https://www.zufe.edu.cn
287	浙江省	宁波大学	综合			艺术学院	https://www.nbu.edu.cn
288	浙江省	浙江传媒学院	语言			设计学院	http://www.cuz.edu.cn
289	浙江省	浙江树人大学	工科			艺术学院	http://www.zjsru.edu.cn
290	浙江省	宁波财经学院	工科			艺术与传媒学院	https://www.nbufe.edu.cn
291	浙江省	浙江大学城市学院	工科			创意与艺术设计学院	http://www.zucc.edu.cn
292	浙江省	浙江大学宁波理工学院	工科			传媒与设计学院	http://www.nit.net.cn
293	浙江省	浙江工业大学之江学院	工科			设计学院	http://www.zzjc.edu.cn

序号	省级行政单位	高校名称	院校类型	985	211	学院（系别）名称	网址
294	浙江省	浙江师范大学行知学院	综合			设计艺术分院	http://www.zjxz.edu.cn
295	浙江省	宁波大学科学技术学院	综合			艺术设计学院	http://www.ndky.edu.cn
296	浙江省	浙江理工大学科技与艺术学院	工科			艺术与设计系	http://www.ky.zstu.edu.cn
297	浙江省	浙江农林大学暨阳学院	林业			园林艺术分部	http://www.zjyc.edu.cn
298	浙江省	杭州师范大学钱江学院	师范			艺术与设计系	http://qjxy.hznu.edu.cn
299	浙江省	湖州师范学院求真学院	师范			艺术系	http://qzxy.zjhu.edu.cn
300	浙江省	绍兴文理学院元培学院	师范			服装与艺术设计系	http://www.ypc.edu.cn
301	浙江省	温州大学瓯江学院	师范			设计艺术系	http://www.ojc.zj.cn
302	浙江省	浙江财经大学东方学院	财经			人文艺术分院	http://www.zufedfc.edu.cn
303	浙江省	温州商学院	综合			艺术设计分院	http://www.wzbc.edu.cn
304	浙江省	浙江外国语学院	语言			艺术学院设计系	http://www.zisu.edu.cn
305	安徽省	安徽大学	综合		√	艺术学院	http://www.ahu.edu.cn
306	安徽省	合肥工业大学	工科		√	建筑与艺术学院	http://www.hfut.edu.cn
307	安徽省	安徽工业大学	工科			艺术与设计学院	http://www.ahut.edu.cn
308	安徽省	安徽工程大学	工科			艺术学院	http://www.ahpu.edu.cn
309	安徽省	安徽农业大学	农业			轻纺工程与艺术学院	https://www.ahau.edu.cn
310	安徽省	安徽师范大学	师范			美术学院	http://www.ahnu.edu.cn
311	安徽省	阜阳师范学院	师范			美术学院	http://www.fync.edu.cn
312	安徽省	安庆师范学院	师范			美术学院	http://www.aqnu.edu.cn
313	安徽省	淮北师范大学	师范			美术学院	http://www.chnu.edu.cn
314	安徽省	黄山学院	师范			艺术学院	http://www.hsu.edu.cn

序号	省级行政单位	高校名称	院校类型	985	211	学院（系别）名称	网址
315	安徽省	皖西学院	师范			艺术学院	http://www.wxc.edu.cn
316	安徽省	滁州学院	师范			美术与设计学院	http://www.chzu.edu.cn
317	安徽省	宿州学院	师范			美术与设计学院	http://www.ahszu.edu.cn
318	安徽省	淮南师范学院	师范			美术与设计学院环	http://www.hnnu.edu.cn
319	安徽省	铜陵学院	财经			文学与艺术传媒学院	https://www.tlu.edu.cn
320	安徽省	安徽建筑大学	工科			艺术学院	http://www.ahjzu.edu.cn
321	安徽省	安徽三联学院	工科			艺术学院	http://www.sanlian.net.cn
322	安徽省	合肥学院	工科			艺术设计系	http://www.hfuu.edu.cn
323	安徽省	蚌埠学院	工科			艺术设计系	http://www.bbc.edu.cn
324	安徽省	池州学院	师范			美术与设计学院	http://www.czu.edu.cn
325	安徽省	安徽新华学院	工科			动漫学院	http://www.axhu.cn
326	安徽省	安徽文达信息工程学院	工科			新媒体艺术学院	http://www.wendaedu.com.cn
327	安徽省	安徽大学江淮学院	综合			文法系	http://www.ahujhc.cn
328	安徽省	安徽信息工程学院	工科			艺术设计系	http://www.aiit.edu.cn
329	安徽省	马鞍山学院	工科			机械工程系	http://icc.ahut.edu.cn
330	安徽省	安徽建筑大学城市建设学院	工科			建筑与艺术系	http://www.ahjzu.edu.cn
331	安徽省	安徽农业大学经济技术学院	综合			园林与艺术系	http://jjjs.ahau.edu.cn
332	安徽省	安徽师范大学皖江学院	师范			视觉艺术系	http://wjcollege.ahnu.edu.cn
333	安徽省	阜阳师范学院信息工程学院	综合			设计艺术系	http://cie.fync.edu.cn

序号	省级行政单位	高校名称	院校类型	985	211	学院（系别）名称	网址
334	安徽省	合肥师范学院	师范			艺术传媒学院	http://www.hftc.edu.cn
335	安徽省	皖江工学院	综合			艺术设计系	http://www.hhuwtian.edu.cn
336	福建省	厦门大学	综合	√	√	艺术学院	https://www.xmu.edu.cn
337	福建省	华侨大学	综合			美术学院	http://www.hqu.edu.cn
338	福建省	福州大学	工科		√	厦门工艺美术学院	https://www.fzu.edu.cn
339	福建省	福建工程学院	工科			建筑与城乡规划学院	https://www.fjut.edu.cn
340	福建省	福建农林大学	农业			艺术学院园林学院	http://www.fafu.edu.cn
341	福建省	集美大学	综合			美术学院	http://www.jmu.edu.cn
342	福建省	福建师范大学	师范			美术学院	https://www.fjnu.edu.cn
343	福建省	闽江学院	工科			美术学院	http://www.mju.edu.cn
344	福建省	武夷学院	综合			艺术学院	http://www.wuyiu.edu.cn
345	福建省	宁德师范学院	师范			艺术系	http://www.ndnu.edu.cn
346	福建省	泉州师范学院	师范			美术与设计学院	http://www.qztc.edu.cn
347	福建省	闽南师范大学	师范			艺术学院	http://www.mnnu.edu.cn
348	福建省	厦门理工学院	工科			设计艺术与服装工程学院	http://www.xmut.edu.cn
349	福建省	三明学院	综合			艺术设计学院	http://www.fjsmu.cn
350	福建省	龙岩学院	综合			艺术与设计学院	http://www.lyun.edu.cn
351	福建省	莆田学院	综合			工艺美术类	http://www.ptu.edu.cn
352	福建省	厦门华厦学院	综合			人文创意系	http://www.hxxy.edu.cn
353	福建省	闽南理工学院	工科			服装与艺术设计学院	http://www.mmust.cn

序号	省级行政单位	高校名称	院校类型	985	211	学院（系别）名称	网址
354	福建省	福建农林大学东方学院	工科			人文艺术系	http://www.fjdfxy.com
355	福建省	厦门工学院	工科			建筑与土木工程学院	http://www.xit.edu.cn
356	福建省	厦门大学嘉庚学院	综合			艺术设计系	https://www.xujc.com
357	福建省	集美大学诚毅学院	综合			体育与艺术系	http://chengyi.jmu.edu.cn
358	福建省	福州外语外贸学院	财经			美术与设计系	http://www.fzfu.com
359	福建省	泉州信息工程学院	理工			计算机科学与技术系	http://www.qziedu.cn
360	福建省	福建农林大学金山学院	农业			文学艺术系	http://jsxy.fafu.edu.cn
361	江西省	南昌大学	综合		√	艺术设计学院	http://www.ncu.edu.cn
362	江西省	华东交通大学	工科			艺术学院	http://www.ecjtu.jx.cn
363	江西省	东华理工大学	工科			艺术学院	http://www.ecit.edu.cn
364	江西省	南昌航空大学	工科			艺术与设计学院	http://www.nchu.edu.cn
365	江西省	江西理工大学	工科			文法学院	http://www.jxust.cn
366	江西省	景德镇陶瓷学院	工科			设计艺术学院	http://www.jci.edu.cn
367	江西省	江西农业大学	农业			园林与艺术学院	http://www.jxau.edu.cn
368	江西省	江西师范大学	师范			美术学院	https://www.jxnu.edu.cn
369	江西省	上饶师范学院	师范			美术与设计学院	http://www.sru.edu.cn
370	江西省	宜春学院	综合			美术与设计学院	http://www.jxycu.edu.cn
371	江西省	赣南师范学院	师范			美术学院	http://www.gnnu.cn
372	江西省	井冈山大学	综合			艺术学院	http://www.jgsu.edu.cn
373	江西省	江西财经大学	财经			艺术学院	http://www.jxufe.edu.cn
374	江西省	江西科技学院	综合			艺术设计学院	http://www.jxut.edu.cn

序号	省级行政单位	高校名称	院校类型	985	211	学院（系别）名称	网址
375	江西省	景德镇学院	综合			陶瓷美术与设计艺术学院	http://www.jdzu.edu.cn
376	江西省	萍乡学院	师范			艺术学院	http://www.pxc.jx.cn
377	江西省	江西科技师范大学	师范			美术学院	http://www.jxstnu.edu.cn
378	江西省	南昌工程学院	工科			人文与艺术学院	http://www.nit.edu.cn
379	江西省	新余学院	综合			抱石美术学院	http://www.xyc.edu.cn
380	江西省	九江学院	综合			艺术学院	https://www.jju.edu.cn
381	江西省	江西工程学院	理工			抱石艺术设计学院	http://www.jxue.edu.cn
382	江西省	南昌理工学院	综合			美术与设计学院	http://www.nut.edu.cn
383	江西省	江西应用科技学院	综合			艺术设计学院	http://www.jxcsedu.com
384	江西省	江西服装学院	艺术			艺术与传媒分院	http://www.jift.edu.cn
385	江西省	南昌工学院	民族			人文与艺术学院	http://www.ncpu.edu.cn
386	江西省	南昌大学科学技术学院	综合			人文学科部	http://www.ndkj.com.cn
387	江西省	南昌大学共青学院	综合			艺术设计系	http://www.ndgy.cn
388	江西省	华东交通大学理工学院	工科			土木建筑分院	http://www.ecjtuit.com.cn
389	江西省	南昌航空大学科技学院	工科			文学与艺术学部	http://kjxy.nchu.edu.cn
390	江西省	江西理工大学应用科学学院	工科			人文科学系	http://www.asc.jx.cn
391	江西省	景德镇陶瓷大学科技艺术学院	工科			美术系	http://www.jci-ky.cn
392	江西省	江西农业大学南昌商学院	综合			人文与艺术系	http://www.ncsxy.com
393	江西省	江西师范大学科学技术学院	综合			艺术设计系	https://kjxy.jxnu.edu.cn

序号	省级行政单位	高校名称	院校类型	985	211	学院（系别）名称	网址
394	江西省	赣南师范大学科技学院	师范			美术系	http://www.gnnustc.com
395	江西省	江西科技师范大学理工学院	工科			艺体学科部	http://www.jxstnupi.cn
396	江西省	南昌师范学院	师范			美术系	http://www.jxie.edu.cn
397	山东省	山东科技大学	综合			艺术与设计学院	http://www.sdust.edu.cn
398	山东省	青岛科技大学	工科			艺术学院	https://www.qust.edu.cn
399	山东省	济南大学	综合			美术学院	http://www.ujn.edu.cn
400	山东省	烟台大学文经学院	综合			建筑工程系	http://wenjing.ytu.edu.cn
401	山东省	聊城大学东昌学院	综合			美术设计系	http://www.lcudcc.edu.cn
402	山东省	青岛理工大学琴岛学院	工科			艺术系	http://www.qdc.cn
403	山东省	中国石油大学胜利学院	工科			教育艺术学院	http://www.slcupc.edu.cn
404	山东省	青岛农业大学海都学院	综合			人文艺术系	http://www.hdxy.edu.cn
405	山东省	山东财经大学东方学院	综合			人文艺术学院	http://www.sdor.cn
406	山东省	济南大学泉城学院	综合			艺术学院	http://www.ujnpl.com
407	山东省	青岛理工大学	工科			艺术与设计学院	http://www.qtech.edu.cn
408	山东省	山东建筑大学	工科			艺术学院	https://www.sdjzu.edu.cn
409	山东省	齐鲁工业大学	工科			艺术学院	https://www.qlu.edu.cn
410	山东省	山东理工大学	工科			美术学院	https://www.sdut.edu.cn
411	山东省	山东农业大学	农业			艺术学院	http://www.sdau.edu.cn
412	山东省	青岛农业大学	农业			艺术与传媒学院	https://www.qau.edu.cn
413	山东省	山东师范大学	师范			美术学院	http://www.sdnu.edu.cn
414	山东省	曲阜师范大学	师范			美术学院	http://www.qfnu.edu.cn
415	山东省	聊城大学	综合			美术学院	http://www.lcu.edu.cn

序号	省级行政单位	高校名称	院校类型	985	211	学院（系别）名称	网址
416	山东省	德州学院	综合			美术学院	http://www.dzu.edu.cn
417	山东省	滨州学院	师范			艺术学院	http://www.bzu.edu.cn
418	山东省	鲁东大学	综合			艺术学院	http://www.ldu.edu.cn
419	山东省	临沂大学	综合			美术学院	http://www.lyu.edu.cn
420	山东省	泰山学院	综合			美术学院	http://www.tsu.edu.cn
421	山东省	济宁学院	师范			美术系	http://www.jnxy.edu.cn
422	山东省	菏泽学院	综合			美术与设计学院	http://www.hezeu.edu.cn
423	山东省	山东艺术学院	艺术			设计学院	http://www.sdca.edu.cn
424	山东省	青岛滨海学院	综合			艺术传媒学院	http://www.qdbhu.edu.cn
425	山东省	枣庄学院	综合			美术与设计学院	http://www.uzz.edu.cn
426	山东省	山东工艺美术学院	艺术			建筑与景观设计学院	http://www.sdada.edu.cn
427	山东省	青岛大学	综合			美术学院	https://www.qdu.edu.cn
428	山东省	烟台大学	综合			建筑学院	http://www.ytu.edu.cn
429	山东省	潍坊学院	综合			美术学院	http://www.wfu.edu.cn
430	山东省	山东交通学院	工科			艺术与设计学院	https://www.sdjtu.edu.cn
431	山东省	山东女子学院	综合			艺术学院	https://www.sdwu.edu.cn
432	山东省	烟台南山学院	工科			人文学院	http://www.nanshan.edu.cn
433	山东省	山东英才学院	综合			艺术学院	http://www.ycxy.com
434	山东省	青岛恒星科技学院	综合			艺术学院	http://www.hx.cn
435	山东省	青岛黄海学院	综合			影视艺术与教育学院	http://www.qdhhc.edu.cn
436	山东省	山东华宇工学院	工科			计算机系	http://www.sdhyxy.com

序号	省级行政单位	高校名称	院校类型	985	211	学院（系别）名称	网址
437	山东省	齐鲁理工学院	综合			艺术学院	https：//www.qlit.edu.cn
438	山东省	山东青年政治学院	综合			设计艺术学院	http：//www.sdyu.edu.cn
439	山东省	山东管理学院	综合			艺术学院	http：//www.sdmu.edu.cn
440	山东省	山东农业工程学院	综合			艺术系	http：//www.sdaeu.edu.cn
441	河南省	华北水利水电大学	工科			建筑学院	https：//www.ncwu.edu.cn
442	河南省	郑州大学	综合		√	建筑学院	http：//www.zzu.edu.cn
443	河南省	河南理工大学	工科			建筑与艺术设计学院	http：//www.hpu.edu.cn
444	河南省	郑州轻工业学院	工科			艺术设计学院	http：//www.zzuli.edu.cn
445	河南省	河南工业大学	工科			设计艺术学院	https：//www.haut.edu.cn
446	河南省	河南科技大学	工科			艺术与设计学院	https：//www.haust.edu.cn
447	河南省	中原工学院	工科			艺术设计学院	https：//www.zut.edu.cn
448	河南省	河南农业大学	农业			林学院	http：//www.henau.edu.cn
449	河南省	河南科技学院	师范			艺术学院	http：//www.hist.edu.cn
450	河南省	河南牧业经济学院	农业			艺术系	http：//www.hnuahe.edu.cn
451	河南省	河南大学	综合			艺术学院	http：//www.henu.edu.cn
452	河南省	河南师范大学	师范			美术学院	http：//www.henannu.edu.cn
453	河南省	信阳师范学院	师范			美术学院	http：//www.xytc.edu.cn
454	河南省	周口师范学院	师范			美术与设计学院	http：//www.zknu.edu.cn
455	河南省	安阳师范学院	师范			美术学院	http：//www.aynu.edu.cn
456	河南省	许昌学院	工科			设计艺术学院	https：//www.xcu.edu.cn
457	河南省	南阳师范学院	师范			美术与艺术设计学院	http：//www.nynu.edu.cn

序号	省级行政单位	高校名称	院校类型	985	211	学院（系别）名称	网址
458	河南省	洛阳师范学院	师范			艺术设计学院	http://www.lynu.edu.cn
459	河南省	商丘师范学院	师范			现代艺术学院	https://www.sqnu.edu.cn
460	河南省	河南财经政法大学	财经			艺术系	http://www.huel.edu.cn
461	河南省	郑州航空工业管理学院	财经			艺术设计学院	http://www.zzia.edu.cn
462	河南省	黄淮学院	师范			艺术设计学院	http://www.huanghuai.edu.cn
463	河南省	平顶山学院	师范			艺术设计学院	http://www.pdsu.edu.cn
464	河南省	洛阳理工学院	综合			艺术设计学院	http://www.lit.edu.cn
465	河南省	新乡学院	工科			艺术学院	http://www.xxu.edu.cn
466	河南省	信阳农林学院	农业			规划与设计学院	http://www.xyafu.edu.cn
467	河南省	安阳工学院	工科			艺术设计学院	http://www.ayit.edu.cn
468	河南省	河南工程学院	工科			艺术设计学院	http://www.haue.edu.cn
469	河南省	南阳理工学院	工科			艺术设计学院	http://www.nyist.edu.cn
470	河南省	河南城建学院	工科			艺术设计学院	http://www.hncj.edu.cn
471	河南省	黄河科技学院	工科			艺术设计学院	http://www.hhstu.edu.cn
472	河南省	郑州科技学院	工科			艺术学院	http://www.zit.edu.cn
473	河南省	郑州工业应用技术学院	工科			艺术学院	http://www.zzgyxy.com
474	河南省	郑州师范学院	师范			美术学院	http://www.zznu.edu.cn
475	河南省	郑州财经学院	财经			艺术设计学院	http://www.zzife.edu.cn
476	河南省	商丘工学院	工科			传媒与现代艺术学院	http://www.sqgxy.edu.cn
477	河南省	河南大学民生学院	财经			艺术与传媒学院	http://www.humc.edu.cn
478	河南省	信阳师范学院华锐学院	师范			艺术系	http://www.hrxy.edu.cn

序号	省级行政单位	高校名称	院校类型	985	211	学院（系别）名称	网址
479	河南省	安阳师范学院人文管理学院	师范			美术学院	http://www.ayrwedu.cn
480	河南省	河南科技学院新科学院	工科			艺术系	http://xinke.hist.edu.cn
481	河南省	郑州工商学院	工科			艺术系	http://www.ztbu.edu.cn
482	河南省	中原工学院信息商务学院	财经			艺术设计系	http://www.zcib.edu.cn
483	河南省	商丘学院	综合			传媒与艺术学院	http://www.squ.net.cn
484	河南省	郑州商学院	财经			艺术系	http://www.chenggong.edu.cn
485	河南省	郑州升达经贸管理学院	财经			艺术系	http://www.shengda.edu.cn
486	湖北省	武汉大学	综合	√	√	城市设计学院	https://www.whu.edu.cn
487	湖北省	华中科技大学	综合	√	√	建筑与城市规划学院	http://www.hust.edu.cn
488	湖北省	武汉科技大学	工科			艺术设计学院	http://www.wust.edu.cn
489	湖北省	长江大学	综合			艺术学院	http://www.yangtzeu.edu.cn
490	湖北省	武汉工程大学	工科			艺术设计学院	https://www.wit.edu.cn
491	湖北省	中国地质大学（武汉）	工科			艺术与传媒学院	http://www.cug.edu.cn
492	湖北省	武汉纺织大学	工科			艺术与设计学院	https://www.wtu.edu.cn
493	湖北省	武汉轻工大学	工科			艺术与传媒学院	http://www.whpu.edu.cn
494	湖北省	武汉理工大学	工科		√	艺术与设计学院	http://www.whut.edu.cn
495	湖北省	湖北工业大学	工科			艺术设计学院	https://www.hbut.edu.cn
496	湖北省	华中师范大学	师范		√	美术学院	http://www.ccnu.edu.cn
497	湖北省	湖北大学	综合			艺术学院	http://www.hubu.edu.cn
498	湖北省	湖北师范学院	师范			美术学院	http://www.hbnu.edu.cn
499	湖北省	黄冈师范学院	师范			美术学院	http://www.hgnc.net

序号	省级行政单位	高校名称	院校类型	985	211	学院(系别)名称	网址
500	湖北省	湖北民族大学	民族			艺术学院	http://www.hbmzu.edu.cn
501	湖北省	湖北文理学院	综合			美术学院	http://www.hbuas.edu.cn
502	湖北省	湖北美术学院	艺术			环境艺术设计系	http://www.hifa.edu.cn
503	湖北省	中南民族大学	民族			美术学院	http://www.scuec.edu.cn
504	湖北省	湖北工程学院	综合			美术与设计学院	http://www.hbeu.cn
505	湖北省	湖北理工学院	工科			艺术学院	http://www.hbpu.edu.cn
506	湖北省	湖北科技学院	综合			艺术与设计学院	http://www.hbust.com.cn
507	湖北省	江汉大学	综合			设计学院	https://www.jhun.edu.cn
508	湖北省	三峡大学	综合			艺术学院	http://www.ctgu.edu.cn
509	湖北省	荆楚理工学院	工科			艺术学院	http://www.jcut.edu.cn
510	湖北省	湖北经济学院	财经			艺术学院	http://www.hbue.edu.cn
511	湖北省	武汉商学院	财经			艺术学院	https://www.wbu.edu.cn
512	湖北省	武汉东湖学院	工科			传媒与艺术设计学院	http://www.wdu.edu.cn
513	湖北省	汉口学院	工科			艺术设计学院	http://www.hkxy.edu.cn
514	湖北省	武昌首义学院	工科			艺术设计学院	http://www.wsyu.edu.cn
515	湖北省	武昌理工学院	工科			艺术设计学院	http://www.wut.edu.cn
516	湖北省	武汉生物工程学院	工科			艺术系	http://www.whsw.edu.cn
517	湖北省	湖北大学知行学院	工科			艺术与设计系	http://www.hudazx.cn
518	湖北省	武汉科技大学城市学院	工科			艺术学部	http://www.city.wust.edu.cn
519	湖北省	三峡大学科技学院	工科			美术系	http://kjxy.ctgu.edu.cn
520	湖北省	湖北工业大学工程技术学院	工科			艺术设计系	http://gcxy.hbut.edu.cn

序号	省级行政单位	高校名称	院校类型	985	211	学院（系别）名称	网址
521	湖北省	武汉工程大学邮电与信息工程学院	工科			建筑与艺术学部	http://www.witpt.edu.cn
522	湖北省	武汉纺织大学外经贸学院	财经			艺术与传媒学院	http://www.whcibe.com
523	湖北省	武昌工学院	工科			艺术设计学院	http://www.wuit.cn
524	湖北省	武汉工商学院	财经			艺术与设计学院	http://www.wtbu.edu.cn
525	湖北省	长江大学工程技术学院	工科			城市建设学院	http://gcxy.yangtzeu.edu.cn
526	湖北省	长江大学文理学院	工科			建筑与设计学系	http://wlxy.yangtzeu.edu.cn
527	湖北省	湖北商贸学院	财经			艺术设计学院	http://www.hugsmxy.com
528	湖北省	湖北民族大学科技学院	工科			艺术系	http://www.hbmykjxy.cn
529	湖北省	湖北经济学院法商学院	财经			艺术系	http://www.hbfs.edu.cn
530	湖北省	湖北师范学院文理学院	师范			美术系	http://www.wlxy.hbnu.edu.cn
531	湖北省	湖北文理学院理工学院	工科			人文艺术系	http://www.hbasstu.net
532	湖北省	湖北工程学院新技术学院	工科			语言文学系	http://www.hbeutc.cn
533	湖北省	文华学院	工科			城市建设工程学部	http://www.hustwenhua.net
534	湖北省	武汉学院	财经			艺术系	http://www.whxy.edu.cn
535	湖北省	武汉工程科技学院	工科			珠宝与设计学院	http://www.wuhues.com
536	湖北省	武汉理工大学华夏学院	工科			人文与艺术系	http://www.hxut.edu.cn
537	湖北省	华中师范大学武汉传媒学院	艺术			艺术设计学院	http://www.whmc.edu.cn
538	湖北省	武汉设计工程学院	农业			环境设计学院	http://www.wids.edu.cn
539	湖北省	湖北第二师范学院	师范			艺术学院	http://www.hue.edu.cn
540	湖南省	吉首大学	综合			美术学院	https://www.jsu.edu.cn
541	湖南省	湖南大学	综合	✓	✓	建筑学院	https://www.hnu.edu.cn

序号	省级行政单位	高校名称	院校类型	985	211	学院（系别）名称	网址
542	湖南省	中南大学	综合	√	√	建筑与艺术学院	http://www.csu.edu.cn
543	湖南省	湖南科技大学	综合			艺术学院设计系	http://www.hnust.edu.cn
544	湖南省	长沙理工大学	工科			设计艺术学院环	http://www.csust.edu.cn
545	湖南省	湖南农业大学	农业			体育艺术学院	https://www.hunau.edu.cn
546	湖南省	中南林业科技大学	林业			家具与艺术设计学院	http://www.csuft.edu.cn
547	湖南省	湖南师范大学	师范		√	美术学院	http://www.hunnu.edu.cn
548	湖南省	湖南理工学院	工科			美术学院	http://www.hnist.cn
549	湖南省	湘南学院	工科			美术与设计学院	https://www.xnu.edu.cn
550	湖南省	衡阳师范学院	师范			美术学院	http://www.hynu.edu.cn
551	湖南省	邵阳学院	工科			艺术设计系	http://www.hnsyu.net
552	湖南省	怀化学院	综合			艺术设计学院	http://www.hhtc.edu.cn
553	湖南省	湖南文理学院	综合			美术学院	http://www.huas.cn
554	湖南省	湖南科技学院	综合			美术与艺术设计学院	http://www.huse.edu.cn
555	湖南省	湖南人文科技学院	师范			美术与设计学院	http://www.huhst.edu.cn
556	湖南省	湖南工商大学	财经			设计艺术学院	http://www.hnuc.edu.cn
557	湖南省	南华大学	综合			设计与艺术学院	http://www.usc.edu.cn
558	湖南省	长沙学院	工科			艺术设计系	http://www.ccsu.cn
559	湖南省	湖南工程学院	工科			设计艺术学院	http://www.hnie.edu.cn
560	湖南省	湖南城市学院	综合			美术与艺术设计学院	http://www.hncu.net

序号	省级行政单位	高校名称	院校类型	985	211	学院（系别）名称	网址
561	湖南省	湖南工学院	工科			建筑工程与艺术设计学院	http://www.hnit.edu.cn
562	湖南省	湖南工业大学	工科			包装设计艺术学院	http://www.hut.edu.cn
563	湖南省	湖南第一师范学院	师范			美术与设计学院	http://www.hnfnu.edu.cn
564	湖南省	湖南涉外经济学院	综合			艺术设计学院	http://www.hieu.edu.cn
565	湖南省	湖南工业大学科技学院	工科			艺术设计教学部	http://kjxy.hut.edu.cn
566	湖南省	湖南科技大学潇湘学院	综合			艺术系	http://xxxy.hnust.edu.cn
567	湖南省	南华大学船山学院	工科			环境设计系	http://csxy.usc.edu.cn
568	湖南省	湖南工商大学北津学院	财经			艺术系	http://www.bjxy.net.cn
569	湖南省	湖南师范大学树达学院	师范			艺体系	http://sdw.hunnu.edu.cn
570	湖南省	湖南农业大学东方科技学院	农业			人文社会科学学部	http://www.hnaues.com
571	湖南省	中南林业科技大学涉外学院	综合			艺术设计系	http://swxy.csuft.edu.cn
572	湖南省	湖南文理学院芙蓉学院	综合			艺术与体育系	http://fur.huas.cn
573	湖南省	衡阳师范学院南岳学院	师范			美术系	http://nyxy.hynu.cn
574	湖南省	湖南工程学院应用技术学院	工科			设计系	http://hnieyy.hnie.edu.cn
575	湖南省	吉首大学张家界学院	综合			文艺法学部	http://zjj.jsu.edu.cn
576	湖南省	长沙理工大学城南学院	工科			设计艺术系	http://www.csust.edu.cn
577	湖南省	长沙师范学院	师范			艺术设计系	http://www.cssf.cn
578	湖南省	湖南应用技术学院	综合			设计艺术学院	http://www.hnyyjsxy.com
579	湖南省	湖南信息学院	工科			人文艺术学院	http://www.hniit.edu.cn

序号	省级行政单位	高校名称	院校类型	985	211	学院（系别）名称	网址
580	广东省	暨南大学	综合		√	深圳旅游学院	http://www.jnu.edu.cn
581	广东省	汕头大学	综合			长江艺术与设计学院	http://www.stu.edu.cn
582	广东省	华南理工大学	工科	√	√	设计学院美术	http://www.scut.edu.cn
583	广东省	华南农业大学	农业			艺术学院	http://www.scau.edu.cn
584	广东省	广东海洋大学	农业			中歌艺术学院	http://www.gdou.edu.cn
585	广东省	华南师范大学	师范		√	美术学院	http://www.scnu.edu.cn
586	广东省	韶关学院	综合			美术与设计学院	http://www.sgu.edu.cn
587	广东省	惠州学院	综合			美术系	http://www.hzu.edu.cn
588	广东省	韩山师范学院	师范			美术与设计学院	http://www.hstc.edu.cn
589	广东省	岭南师范学院	师范			美术学院	http://www.lingnan.edu.cn
590	广东省	肇庆学院	综合			美术学院	http://www.zqu.edu.cn
591	广东省	嘉应学院	综合			美术学院	http://www.jyu.edu.cn
592	广东省	广州美术学院	艺术			建筑艺术设计学院	http://www.gzarts.edu.cn
593	广东省	广东技术师范学院	师范			美术学院	https://www.gpnu.edu.cn
594	广东省	深圳大学	综合			艺术设计学院	https://www.szu.edu.cn
595	广东省	广东财经大学	财经			艺术学院	http://www.gdufe.edu.cn
596	广东省	广东白云学院	工科			艺术设计学院	http://www.baiyunu.edu.cn
597	广东省	广州大学	综合			美术与设计学院	http://www.gzhu.edu.cn
598	广东省	广州航海学院	工科			艺术设计学系	http://www.gzhmt.edu.cn
599	广东省	仲恺农业工程学院	农业			何香凝艺术设计学院	http://www.zhku.edu.cn
600	广东省	五邑大学	综合			艺术设计学院	http://www.wyu.edu.cn

序号	省级行政单位	高校名称	院校类型	985	211	学院（系别）名称	网址
601	广东省	电子科技大学中山学院	综合			艺术设计学院	http://www.zsc.edu.cn
602	广东省	广东石油化工学院	综合			建筑工程学院	http://www.gdupt.edu.cn
603	广东省	东莞理工学院	工科			建筑工程系	http://www.dgut.edu.cn
604	广东省	广东工业大学	工科			艺术设计学院	http://www.gdut.edu.cn
605	广东省	广东外语外贸大学	语言			艺术学院	https://www.gdufs.edu.cn
606	广东省	佛山科学技术学院	综合			工业设计与陶瓷艺术学院	http://www.fosu.edu.cn
607	广东省	广东培正学院	财经			艺术设计系	http://www.peizheng.com.cn
608	广东省	广东东软学院	理工			数字艺术系	http://www.nuit.edu.cn
609	广东省	广州大学华软软件学院	工科			数码媒体系	https://www.sise.com.cn
610	广东省	中山大学南方学院	综合			艺术设计与创意产业系	http://www.nfu.edu.cn
611	广东省	广东财经大学华商学院	财经			艺术系	http://www.gdhsc.edu.cn
612	广东省	广东海洋大学寸金学院	综合			艺术系	http://www.gdcjxy.com
613	广东省	华南农业大学珠江学院	农业			设计与传播系	http://www.scauzhujiang.cn
614	广东省	广东技术师范学院天河学院	工科			美术学院	http://www.thxy.cn
615	广东省	北京师范大学珠海分校	综合			设计学院	http://www.bnuz.edu.cn
616	广东省	广东工业大学华立学院	工科			传媒与艺术设计学部	http://www.hualixy.com
617	广东省	广州大学松田学院	综合			艺术与传媒系	http://www.sontan.net
618	广东省	广州商学院	综合			艺术设计系	http://www.gzcc.cn
619	广东省	北京理工大学珠海学院	综合			设计与艺术学院	http://www.bitzh.edu.cn

序号	省级行政单位	高校名称	院校类型	985	211	学院（系别）名称	网址
620	广东省	吉林大学珠海学院	综合			建筑系	http://www.jluzh.com
621	广东省	广州工商学院	综合			美术设计系	http://www.gzgs.org.cn
622	广东省	广东科技学院	综合			艺术系	http://www.gdst.cc
623	广东省	广东理工学院	理工			建筑工程系	http://www.gdlgxy.com
624	广东省	中山大学新华学院	综合			艺术设计学系	http://www.xhsysu.edu.cn
625	广东省	广东第二师范学院	师范			美术系	http://www.gdei.edu.cn
626	广西省	广西大学	综合		√	艺术学院	http://www.gxu.edu.cn
627	广西省	广西科技大学	工科			艺术与文化传播学院	http://www.gxust.edu.cn
628	广西省	桂林电子科技大学	工科			艺术与设计学院	https://www.gliet.edu.cn
629	广西省	桂林理工大学	工科			艺术学院	http://www.glut.edu.cn
630	广西省	广西师范大学	师范			设计学院	https://www.gxnu.edu.cn
631	广西省	南宁师范大学	师范			美术设计学院	http://www.nnnu.edu.cn
632	广西省	广西民族师范学院	师范			美术与设计学系	http://www.gxnun.net
633	广西省	河池学院	综合			设计学系	http://www.hcnu.edu.cn
634	广西省	玉林师范学院	师范			美术与设计学院	http://www.ylu.edu.cn
635	广西省	广西艺术学院	艺术			建筑艺术学院	https://www.gxau.edu.cn
636	广西省	广西民族大学	民族			艺术学院	http://www.gxun.edu.cn
637	广西省	百色学院	综合			美术与设计学院	http://www.bsuc.cn
638	广西省	梧州学院	综合			艺术系	http://www.gxuwz.edu.cn
639	广西省	广西科技师范学院	师范			艺术系	http://www.gxstnu.edu.cn
640	广西省	广西财经学院	财经			文化传播学院	http://www.gxufe.edu.cn

序号	省级行政单位	高校名称	院校类型	985	211	学院（系别）名称	网址
641	广西省	南宁学院	工科			文学与艺术设计学院	http://www.nnxy.cn
642	广西省	钦州学院	综合			美术创意学院	http://www.qzhu.edu.cn
643	广西省	桂林旅游学院	旅游			视觉艺术系	http://www.gltu.edu.cn
644	广西省	贺州学院	综合			设计学院	http://www.hzu.gx.cn
645	广西省	北海艺术设计学院	艺术			环境与艺术学院	http://www.sszss.com
646	广西省	广西大学行健文理学院	综合			工程与设计学部	http://xingjian.gxu.edu.cn
647	广西省	广西科技大学鹿山学院	工科			艺术与设计系	http://www.lzls.gxut.edu.cn
648	广西省	广西民族大学相思湖学院	民族			艺术系	http://www.xshxy.gxun.edu.cn
649	广西省	广西师范大学漓江学院	综合			艺术设计系	http://www.gxljcollege.cn
650	广西省	南宁师范学院师园学院	综合			艺术系	http://www.gxsy.edu.cn
651	广西省	桂林电子科技大学信息科技学院	工科			设计系	http://www.guit.edu.cn
652	广西省	桂林理工大学博文管理学院	工科			建筑与设计学院	https://a.bwgl.cn
653	广西省	广西外国语学院	综合			人文艺术学院	http://www.gxufl.com
654	海南省	海南大学	综合		✓	艺术学院	http://www.hainu.edu.cn
655	海南省	海南热带海洋学院	综合			艺术学院	http://www.hntou.edu.cn
656	海南省	海南师范大学	师范			美术学院	http://www.hainnu.edu.cn
657	海南省	海口经济学院	财经			艺术学院	http://www.hkc.edu.cn
658	海南省	三亚学院	综合			艺术学院	http://www.sanyau.edu.cn
659	重庆市	重庆大学	综合	✓	✓	艺术学院	https://www.cqu.edu.cn
660	重庆市	重庆邮电大学	工科			传媒艺术学院	http://www.cqupt.edu.cn

序号	省级行政单位	高校名称	院校类型	985	211	学院（系别）名称	网址
661	重庆市	重庆交通大学	工科			建筑与城市规划学院	http://www.cqjtu.edu.cn
662	重庆市	重庆师范大学	师范			美术学院	http://www.cqnu.edu.cn
663	重庆市	重庆文理学院	综合			美术与设计学院	http://www.cqwu.net
664	重庆市	重庆三峡学院	综合			美术学院	http://www.sanxiau.edu.cn
665	重庆市	长江师范学院	师范			美术学院	http://www.yznu.cn
666	重庆市	四川美术学院	艺术			设计艺术学院	http://www.scfai.edu.cn
667	重庆市	重庆科技学院	工科			人文艺术学院	http://www.cqust.edu.cn/
668	重庆市	重庆工商大学	综合			艺术学院	http://www.ctbu.edu.cn
669	重庆市	重庆工程学院	工科			传媒艺术学院	http://www.cqie.edu.cn
670	重庆市	重庆大学城市科技学院	综合			艺术设计学院	http://www.cqucc.com.cn
671	重庆市	重庆人文科技学院	综合			建筑与设计学院	http://www.cqrk.edu.cn
672	重庆市	四川外国语大学重庆南方翻译学院	语言			艺术学院	http://www.tcsisu.com
673	重庆市	重庆师范大学涉外商贸学院	财经			艺术设计学院	http://www.swsm.edu.cn
674	四川省	四川大学	综合	√	√	艺术学院	http://www.scu.edu.cn
675	四川省	西南交通大学	工科		√	建筑与设计学院	https://www.swjtu.edu.cn
676	四川省	成都理工大学	工科			传播科学与艺术学院	http://www.cdut.edu.cn
677	四川省	西南科技大学	工科			文学与艺术学院	http://www.swust.edu.cn
678	四川省	四川轻化工大学	工科			美术学院	http://www.suse.edu.cn
679	四川省	西华大学	综合			艺术学院	http://www.xhu.edu.cn

序号	省级行政单位	高校名称	院校类型	985	211	学院（系别）名称	网址
680	四川省	四川农业大学	农业		√	风景园林学院	https://www.sicau.edu.cn
681	四川省	西昌学院	综合			艺术学院	https://www.xcc.edu.cn
682	四川省	四川师范大学	师范			美术学院	http://www.sicnu.edu.cn
683	四川省	西华师范大学	师范			美术学院	https://www.cwnu.edu.cn
684	四川省	绵阳师范学院	师范			美术与艺术设计学院	http://www.mnu.cn
685	四川省	内江师范学院	师范			张大千美术学院	http://www.njtc.edu.cn
686	四川省	宜宾学院	综合			美术与艺术设计学院	http://www.yibinu.cn
687	四川省	四川文理学院	综合			美术学院	http://www.sasu.edu.cn
688	四川省	阿坝师范学院	师范			美术系	http://www.abtc.edu.cn
689	四川省	乐山师范学院	师范			美术学院	http://www1.lsnu.edu.cn
690	四川省	四川音乐学院	艺术			成都美术学院	http://www.sccm.com
691	四川省	西南民族大学	民族			城市规划与建筑学院	http://www.swun.edu.cn
692	四川省	成都大学	综合			美术与影视学院	https://www.cdu.edu.cn
693	四川省	攀枝花学院	综合			艺术学院	http://www.pzhu.edu.cn
694	四川省	四川旅游学院	综合			艺术系	http://www.sctu.edu.cn
695	四川省	四川民族学院	师范			美术系	http://www.scun.edu.cn
696	四川省	成都理工大学工程技术学院	工科			艺术系	http://www.cdutetc.cn
697	四川省	四川传媒学院	艺术			艺术设计与动画系	http://www.scmc.edu.cn

序号	省级行政单位	高校名称	院校类型	985	211	学院（系别）名称	网址
698	四川省	成都信息工程大学银杏酒店管理学院	财经			艺术设计系	http://www.yxhmc.edu.cn
699	四川省	成都文理学院	师范			美术学院	http://www.cdcas.edu.cn
700	四川省	四川工商学院	工科			艺术学院	https://www.stbu.edu.cn
701	四川省	四川大学锦城学院	综合			艺术系	http://www.scujcc.cn
702	四川省	西南财经大学天府学院	财经			艺术设计专业	http://www.tfswufe.edu.cn
703	四川省	四川大学锦江学院	综合			艺术学院	http://www.scujj.com
704	四川省	四川文化艺术学院	艺术			美术学院	http://www.sca.edu.cn
705	四川省	成都师范学院	师范			美术学院	http://www.cdnu.edu.cn
706	贵州省	贵州大学	综合		√	艺术学院	http://www.gzu.edu.cn
707	贵州省	贵州师范大学	师范			美术学院	https://www.gznu.edu.cn
708	贵州省	贵州工程应用技术学院	师范			艺术学院	http://www.gues.edu.cn
709	贵州省	凯里学院	综合			艺术学院	http://www.kluniv.edu.cn
710	贵州省	黔南民族师范学院	师范			美术系	http://www.sgmtu.edu.cn
711	贵州省	贵州财经大学	财经			艺术学院	http://www.gzife.edu.cn
712	贵州省	贵州民族大学	民族			美术学院	http://www.gzmu.edu.cn
713	贵州省	贵阳学院	综合			美术学院	http://www.gyu.edu.cn
714	贵州省	贵州民族大学人文科技学院	财经			设计艺术学	http://www.gzcc.edu.cn
715	贵州省	贵州民族大学人文科技学院	民族			教育与艺术学部	http://www.gzmyrw.cn
716	贵州省	贵州师范大学求是学院	师范			美术系	https://qsxy.gznu.edu.cn
717	贵州省	贵州师范学院	师范			职业技术学院	http://www.gznc.edu.cn
718	云南省	云南大学	综合		√	艺术与设计学院	http://www.ynu.edu.cn

序号	省级行政单位	高校名称	院校类型	985	211	学院（系别）名称	网址
719	云南省	昆明理工大学	工科			艺术与传媒学院	http://www.kmust.edu.cn
720	云南省	西南林业大学	林业			艺术学院	http://www.swfu.edu.cn
721	云南省	大理大学	综合			艺术学院	http://www.dali.edu.cn
722	云南省	云南师范大学	师范			艺术学院	https://www.ynnu.edu.cn
723	云南省	昭通学院	师范			艺术学院	http://www.ztu.edu.cn
724	云南省	曲靖师范学院	师范			美术学院	http://www.qjnu.edu.cn
725	云南省	普洱学院	师范			艺术学院	http://www.peuni.cn
726	云南省	保山学院	师范			艺术学院	http://www.bsnc.cn
727	云南省	红河学院	综合			美术学院	http://www.uoh.edu.cn
728	云南省	云南财经大学	财经			现代设计艺术学院	http://www.ynufe.edu.cn
729	云南省	云南艺术学院	艺术			设计学院	http://www.ynart.edu.cn
730	云南省	云南民族大学	民族			艺术学院	http://www.ynni.edu.cn
731	云南省	玉溪师范学院	师范			美术学院	http://www.yxnu.edu.cn
732	云南省	楚雄师范学院	师范			艺术学院	http://www.cxtc.edu.cn
733	云南省	昆明学院	综合			美术与艺术设计学院	http://www.kmu.edu.cn
734	云南省	文山学院	师范			艺术学院	http://www.wsu.edu.cn
735	云南省	云南经济管理学院	财经			人文艺术学院	https://www.ynjgy.com
736	云南省	云南大学滇池学院	综合			艺术设计学院	http://www.ynudcc.com
737	云南省	云南大学旅游文化学院	综合			艺术系	http://www.lywhxy.com
738	云南省	云南师范大学商学院	综合			艺术学院	http://www.ynnubs.com
739	云南省	云南师范大学文理学院	工科			艺术传媒学院	http://www.ysdwl.cn
740	云南省	云南艺术学院文华学院	艺术			艺术设计系	http://www.whxyart.cn

序号	省级行政单位	高校名称	院校类型	985	211	学院(系别)名称	网址
741	陕西省	西北大学	综合		√	艺术学院	http://www.nwu.edu.cn
742	陕西省	西安交通大学	综合	√	√	人文学院艺术系	http://www.xjtu.edu.cn
743	陕西省	西安理工大学	工科			艺术与设计学院	http://www.xaut.edu.cn
744	陕西省	西安工业大学	工科			艺术与传媒学院	http://www.xatu.edu.cn
745	陕西省	西安建筑科技大学	工科			艺术学院	http://www.xauat.edu.cn
746	陕西省	西安科技大学	工科			艺术学院	https://www.xust.edu.cn
747	陕西省	西安石油大学	工科			人文学院设计系	http://www.xapi.edu.cn
748	陕西省	陕西科技大学	工科			设计与艺术学院	http://www.sust.edu.cn
749	陕西省	西安工程大学	工科			服装与艺术设计学院	http://www.xpu.edu.cn
750	陕西省	长安大学	工科		√	建筑学院	http://www.chd.edu.cn
751	陕西省	西北农林科技大学	农业	√	√	风景园林艺术学院	https://www.nwsuaf.edu.cn
752	陕西省	陕西师范大学	师范		√	美术学院	http://www.snnu.edu.cn
753	陕西省	延安大学	综合			创新学院	http://www.yau.edu.cn
754	陕西省	陕西理工大学	工科			艺术学院	http://www.snut.edu.cn
755	陕西省	宝鸡文理学院	师范			美术学院	http://www.bjwlxy.cn
756	陕西省	咸阳师范学院	师范			设计学院	http://www.xysfxy.cn
757	陕西省	渭南师范学院	师范			莫斯科艺术学院	http://www.wntc.edu.cn
758	陕西省	西安外国语大学	语言			艺术学院	http://www.xisu.edu.cn
759	陕西省	西安美术学院	艺术			建筑环境艺术系	http://www.xafa.edu.cn
760	陕西省	榆林学院	师范			艺术学院	http://www.yulinu.edu.cn
761	陕西省	西安培华学院	财经			人文与艺术学院	http://www.peihua.cn
762	陕西省	西安财经大学	财经			文学院	http://www.xaufe.edu.cn

序号	省级行政单位	高校名称	院校类型	985	211	学院(系别)名称	网址
763	陕西省	西安欧亚学院	财经			艾德艺术设计学院	http://www.eurasia.edu
764	陕西省	西安外事学院	财经			文学院	http://www.xaiu.edu.cn
765	陕西省	西安翻译学院	语言			人文艺术学院	http://www.xafy.edu.cn
766	陕西省	西京学院	工科			设计艺术学院	https://www.xijing.edu.cn
767	陕西省	西安思源学院	工科			城市建设学院	http://www.xasyu.org
768	陕西省	陕西服装工程学院	工科			艺术工程学院	http://www.sxfu.org
769	陕西省	西安交通大学城市学院	工科			艺术系	http://www.xjtucc.cn
770	陕西省	西北大学现代学院	工科			艺术系	http://www.xdxd.cn
771	陕西省	西安建筑科技大学华清学院	工科			建筑与艺术系	http://www.xauat-hqc.com
772	陕西省	西安财经学院行知学院	财经			人文艺术分院	http://www.xcxz.com.cn
773	陕西省	延安大学西安创新学院	综合			艺术系	http://www.xacxxy.com/index.jsp
774	陕西省	长安大学兴华学院	工科			艺术系	http://www.chdxhxy.com
775	陕西省	西安科技大学高新学院	工科			艺术系	http://www.gaoxinedu.com
776	陕西省	陕西学前师范学院	师范			艺术系	http://www.snsy.edu.cn
777	甘肃省	兰州大学	综合	√	√	艺术学院	http://www.lzu.edu.cn
778	甘肃省	兰州理工大学	工科			设计艺术学院	http://www.gsut.edu.cn
779	甘肃省	兰州交通大学	工科			艺术设计学院	http://www.lzjtu.edu.cn
780	甘肃省	西北师范大学	师范			美术学院	http://www.nwnu.edu.cn
781	甘肃省	兰州城市学院	综合			美术学院	http://www.lzcu.edu.cn
782	甘肃省	陇东学院	师范			艺术系	http://www.ldxy.edu.cn

序号	省级行政单位	高校名称	院校类型	985	211	学院（系别）名称	网址
783	甘肃省	天水师范学院	师范			美术与艺术设计学院	http://www.tsnu.edu.cn
784	甘肃省	河西学院	综合			艺术学院	http://www10.hxu.edu.cn
785	甘肃省	西北民族大学	民族			美术学院	http://www.xbmu.edu.cn
786	甘肃省	甘肃政法大学	政法			美术学院	http://www.gsli.edu.cn
787	甘肃省	兰州文理学院	综合			美术学院艺	http://msx.luas.edu.cn
788	甘肃省	兰州工业学院	工科			艺术设计学院	https://www.lzit.edu.cn
789	甘肃省	西北师范大学知行学院	师范			艺术系	http://zxxy.nwnu.edu.cn
790	甘肃省	兰州财经大学陇桥学院	财经			艺术设计系	http://www.lzlqc.com
791	甘肃省	兰州财经大学长青学院	财经			艺术系	http://changqing.lzufe.edu.cn
792	宁夏回族自治区	宁夏大学	综合		✓	美术学院	http://www.nxu.edu.cn
793	宁夏回族自治区	北方民族大学	民族			设计艺术学院	http://www.nun.edu.cn
794	宁夏回族自治区	中国矿业大学银川学院	综合			土木工程系	http://www.cumtyc.com.cn
795	新疆维吾尔族自治区	石河子大学	综合		✓	文学艺术学院	http://www.shzu.edu.cn
796	新疆维吾尔族自治区	新疆师范大学	师范			美术学院	https://www.xjnu.edu.cn
797	新疆维吾尔族自治区	伊犁师范学院	师范			艺术学院	http://www.ylsy.edu.cn
798	新疆维吾尔族自治区	新疆艺术学院	艺术			美术系	http://www.xjart.edu.cn
799	新疆维吾尔族自治区	昌吉学院	师范			美术系	http://www.cjc.edu.cn

序号	省级行政单位	高校名称	院校类型	学院(系别)名称	网址
1	北京市	北京电子科技职业学院	工科	艺术设计学院	http://www.dky.bjedu.cn
2	北京市	北京青年政治学院	语言	环境艺术设计教研室	http://www.bjypc.edu.cn
3	北京市	北京农业职业学院	农业	园艺系	http://www.bvca.edu.cn
4	北京市	北京经贸职业学院	财经	计算机技术与艺术设计系	http://www.csuedu.com
5	北京市	北京汇佳职业学院	语言	文化创意系	http://www.hju.net.cn
6	北京市	北京科技经营管理学院	工科	艺术系	http://1985edu.good-edu.cn
7	北京市	北京科技职业学院	工科	艺术设计学院	http://www.5aaa.com
8	北京市	北京培黎职业学院	语言	艺术传媒系	http://www.bjpldx.edu.cn
9	北京市	北京现代职业技术学院	工科	机电工程系	http://www.bjzhiji.net
10	北京市	北京艺术传媒职业学院	综合	艺术设计学院	http://www.bjamu.cn
11	天津市	天津工艺美术职业学院	艺术	环境艺术系	http://www.gmtj.com
12	天津市	天津国土资源和房屋职业学院	综合	建筑艺术系	http://www.tjgfxy.com.cn
13	天津市	天津市职业大学	工科	艺术工程学院	http://www.tjtc.edu.cn
14	天津市	天津工程职业技术学院	工科	艺术系	http://www.tjeti.com
15	天津市	天津轻工职业技术学院	综合	艺术工程系	http://www.tjlivtc.edu.cn
16	天津市	天津电子信息职业技术学院	工科	数字艺术系	http://www.tjdz.net
17	天津市	天津滨海职业学院	综合	应用艺术系	http://www.tjpi.com
18	天津市	天津城市建设管理职业技术学院	综合	建筑工程系	http://www.tjchengjian.com
19	天津市	天津中德应用技术大学	工科	艺术学院	http://www.tsguas.edu.cn
20	天津市	天津现代职业技术学院	综合	印刷工程学院	http://www.xdxy.com.cn
21	天津市	天津城市职业学院	综合	人文与艺术设计系	http://csxy.tjcsxy.com
22	河北省	河北化工医药职业技术学院	工科	信息工程系	http://www.hebcpc.cn
23	河北省	河北交通职业技术学院	工科	粮食工程系	http://www.hejtxy.edu.cn

序号	省级行政单位	高校名称	院校类型	学院（系别）名称	网址
24	河北省	唐山工业职业技术学院	工科	艺术传媒系	http://www.tsgzy.edu.cn
25	河北省	衡水职业技术学院	财经	艺术系	http://www.hsvtc.cn
26	河北省	秦皇岛职业技术学院	工科	信息工程系	http://dx.qhdvtc.com
27	河北省	河北能源职业技术学院	工科	信息工程系	http://www.hbnyxy.cn
28	河北省	河北工业职业技术学院	工科	建筑工程系	http://www.hbcit.edu.cn
29	河北省	石家庄工程职业学院	工科	艺术设计系	http://www.sjzevc.com
30	河北省	河北艺术职业学院	综合	美术系	http://www.hebart.com
31	河北省	石家庄财经职业学院	财经	建筑工程系	http://www.hebcj.cn
32	河北省	河北劳动关系职业学院	综合	信息科学与工程系	http://www.hbgy.edu.cn
33	河北省	石家庄科技工程职业学院	工科	艺术与建筑工程系	http://www.sjzkg.edu.cn
34	河北省	邯郸职业技术学院	综合	艺术与传媒系	http://www.hd-u.com
35	河北省	邢台职业技术学院	工科	艺术设计系	http://www.xpc.edu.cn
36	河北省	石家庄职业技术学院	工科	城建工程系	http://www.sjzpt.edu.cn
37	河北省	廊坊职业技术学院	工科	艺术设计系	http://www.lfzj.cn
38	河北省	河北建材职工工程职业学院	工科	传媒艺术与广告设计系	http://www.hbjcxy.com
39	河北省	石家庄信息工程职业学院	工科	艺术设计系	http://www.sjziei.com
40	河北省	河北女子职业技术学院	语言	设计开发系	http://www.hebnzxy.com
41	河北省	河北旅游职业学院	财经	艺术设计系	http://www.cdtvc.com
42	河北省	石家庄理工职业学院	工科	文物与艺术系	http://www.sjzlg.com
43	河北省	河北东方学院	综合	文化传媒学院	http://www.hbdfxy.cn
44	河北省	宣化科技职业学院	综合	环境艺术设计系	http://www.xhkjzyxy.cn
45	河北省	河北工艺美术职业技术学院	艺术	装饰艺术系	http://www.hbgymszyxy-edu.cn
46	河北省	张家口职业技术学院	综合		http://www.zhz.cn

序号	省级行政单位	高校名称	院校类型	学院（系别）名称	网址
47	河北省	河北政法职业学院	政法	建设工程系	http://www.helc.edu.cn
48	河北省	沧州职业技术学院	工科	外语艺术设计系	http://www.czvtc.cn
49	河北省	石家庄铁路职业技术学院	工科	人文社科系	http://www.sirt.edu.cn
50	河北省	保定职业技术学院	综合	艺术设计系	http://www.bvtc.com.cn
51	河北省	唐山职业技术学院	医药	信息工程系	http://www.tsvtc.com
52	河北省	唐山科技职业技术学院	工科	计算机工程系	http://www.tskjzy.cn
53	河北省	石家庄工商职业学院	财经	建筑与艺术学院	http://www.sjzgsxy.com
54	河北省	石家庄科技信息职业学院	工科	艺术设计学院	http://www.hebkx.cn
55	河北省	石家庄经济职业学院	财经	艺术系	http://www.sizijixy.com
56	河北省	冀中职业学院	工科	建筑艺术系	http://www.jzhxy.com
57	河北省	石家庄科技职业学院	工科	建筑工程系	http://www.sjzkjxy.net
58	河北省	泊头职业学院	师范	艺术系	http://www.btzyxy.com.cn
59	河北省	渤海理工职业学院	工科	建筑工程系	http://www.bhlgxy.com
60	山西省	山西青年职业学院	综合	艺术系	http://www.sxqzy.cn
61	山西省	山西管理职业学院	财经	信息管理系	http://www.sxglzyxy.com.cn
62	山西省	太原城市职业技术学院	工科	艺术设计工程系	http://www.cntcvc.com
63	山西省	山西戏剧职业学院	艺术	美术系	http://www.shanxixjxy.com
64	山西省	山西艺术职业学院	艺术	美术分院设计艺术系	http://www.sxyz.com
65	山西省	山西财贸职业技术学院	财经	信息管理系	http://www.sxcmvc.com
66	山西省	山西工程职业技术学院	工科	建筑工程系	http://www.sxgy.cn
67	山西省	太原旅游职业学院	语言	信息管理系	http://www.tylyzyxy.com
68	山西省	山西林业职业技术学院	林业	艺术设计系	http://www.sxly.com.cn
69	山西省	山西信息职业技术学院	工科	艺术设计与传媒系	http://www.vcit.cn

序号	省级行政单位	高校名称	院校类型	学院（系别）名称	网址
70	山西省	山西经贸职业学院	财经	艺术设计系	http://www.sxieb.com
71	山西省	山西轻工职业技术学院	综合	艺术设计系	http://www.sxqgzy.cn
72	山西省	山西职业技术学院	工科	建筑装饰系	http://www.sxzzy.cn
73	山西省	山西建筑职业技术学院	工科	建筑与艺术系	http://www.sxatc.com
74	内蒙古自治区	包头轻工职业技术学院	工科	艺术设计学院	http://yssj.btqy.com.cn
75	内蒙古自治区	内蒙古建筑职业技术学院	工科	装饰与艺术设计学院	http://www.imaa.edu.cn
76	内蒙古自治区	包头职业技术学院	工科	人文与艺术设计系	http://btzyjsxy.university-hr.com
77	内蒙古自治区	内蒙古商贸职业学院	财经	艺术设计系	http://www.imvcc.com
78	内蒙古自治区	鄂尔多斯职业学院	综合	建筑工程系	http://www.ordosvc.cn
79	内蒙古自治区	内蒙古电子信息职业技术学院	工科	信息管理系	http://www.imeic.cn
80	内蒙古自治区	内蒙古美术职业学院	艺术	环境艺术学院	http://www.nmgmsxy.net
81	内蒙古自治区	兴安职业技术学院	师范	美术系	http://nmxzy.cn
82	内蒙古自治区	呼和浩特职业学院	综合	美术与传媒学院	http://www.hhvc.edu.cn
83	内蒙古自治区	乌海职业技术学院	工科	建筑工程系	http://www.whvtc.net
84	内蒙古自治区	赤峰工业职业技术学院	工科	建筑工程系	http://www.cfgy.cn
85	辽宁省	辽宁轻工职业学院	工科	艺术设计系	http://www.lnqg.com.cn
86	辽宁省	辽宁城市建设职业技术学院	工科	建筑与环境系	http://www.lncjxy.com
87	辽宁省	辽宁建筑职业学院	工科	建筑艺术系	http://www.lnjzxy.com
88	辽宁省	辽宁地质工程职业学院	工科	建筑系	http://www.lndzxy.com
89	辽宁省	大连枫叶职业技术学院	综合	船舶与计算机系	http://www.dlxgjy.com
90	辽宁省	辽宁经济职业技术学院	综合	工艺美术学院	http://www.lnemci.com
91	辽宁省	辽宁广告职业学院	艺术	工艺美术系	http://www.ggxy.com
92	辽宁省	辽宁职业学院	农业	信息科技学院	http://www.lnvc.cn

序号	省级行政单位	高校名称	院校类型	学院（系别）名称	网址
93	辽宁省	辽宁农业职业技术学院	农业	园林系	http://www.lnnzy.ln.cn
94	辽宁省	大连职业技术学院	综合	学前教育与艺术设计学院	http://www.dlvtc.edu.cn
95	辽宁省	营口职业技术学院	综合	艺术系	http://www.ykdx.net
96	辽宁省	朝阳师范高等专科学校	师范	美术系	http://msx.cysz.com.cn
97	辽宁省	辽宁生态工程职业学院	林业	建筑学院	http://www.lnstzy.cn
98	辽宁省	锦州师范高等专科学校	师范	美术系	http://www.jzsz.com.cn
99	辽宁省	辽阳职业技术学院	综合	艺术设计系	http://www.419.com.cn
100	辽宁省	渤海船舶职业学院	工科	船舶工程系	http://www.bhcy.cn/
101	辽宁省	大连软件职业学院	工科	艺术设计系	http://www.dlrjedu.cn
102	辽宁省	辽宁现代服务职业技术学院	综合	艺术设计系	http://www.lnxdfwxy.com
103	辽宁省	辽宁冶金职业技术学院	工科	信息工程系	http://www.lnyj.net
104	吉林省	松原职业技术学院	综合	信息工程系	http://www.sypt.cn
105	吉林省	吉林工业职业技术学院	工科	商学院	http://www.jvcit.edu.cn
106	吉林省	四平职业大学	工科	计算机工程学院	http://www.jlsppc.cn
107	吉林省	辽源职业技术学院	工科	建筑工程系	http://www.lyvtc.cn
108	吉林省	长春信息技术职业学院	工科	水晶石动画系	http://www.citpc.edu.cn
109	吉林省	长春职业技术学院	综合	信息技术分院	http://www.cvit.com.cn
110	吉林省	白城职业技术学院	综合	建筑工程系	http://www.bcvit.cn
111	黑龙江省	哈尔滨职业技术学院	综合	艺术与设计学院	http://www.hzjxy.org.cn
112	黑龙江省	黑龙江民族职业学院	民族	艺术体育与传媒系	http://www.hljmzxy.org.cn
113	黑龙江省	黑龙江旅游职业技术学院	财经	建筑装饰工程系	http://www.ljlyzy.org.cn
114	黑龙江省	黑龙江林业职业技术学院	林业	土木工程学院	http://www.hljlzy.com
115	黑龙江省	黑龙江职业学院	综合	信息工程学院	http://www.hljp.edu.cn

序号	省级行政单位	高校名称	院校类型	学院（系别）名称	网址
116	黑龙江省	伊春职业学院	综合	人文社会科学系	http://www.ycvc.com.cn
117	黑龙江省	黑龙江农业工程职业学院	农业	人文学院	http://www.hngzy.com
118	黑龙江省	黑龙江建筑职业技术学院	工科	环境艺术学院	http://www.hict.org.cn
119	黑龙江省	黑龙江商业职业技术学院	财经	艺术系	http://www.hljszy.net
120	黑龙江省	哈尔滨应用职业技术学院	工科	建筑工程系	http://www.hyyzy.com
121	黑龙江省	黑龙江生态工程职业学院	林业	工程技术系	http://www.hljstgc.org.cn
122	黑龙江省	黑龙江三江美术职业学院	艺术	环境工程系	http://www.sjmsxy.net.cn
123	黑龙江省	哈尔滨城市职业学院	综合	动漫艺术系	http://www.13451.cn
124	黑龙江省	黑龙江交通职业技术学院	工科	设计艺术系	http://www.hlcp.com.cn
125	黑龙江省	黑龙江生物科技职业学院	农业	建筑工程系	http://www.hljswkj.org.cn
126	黑龙江省	黑龙江农垦科技职业学院	农业	农林系	http://www.nkkjxy.org.cn
127	黑龙江省	黑龙江农垦职业学院	农业	计算机与艺术传媒分院	http://www.nkzy.org.cn
128	黑龙江省	哈尔滨科学技术职业学院	工科	艺术系	www.hrbkjzy.org.cn
129	黑龙江省	七台河职业学院	综合	电子与信息工程系	http://www.qthzyxy.com/index mian
130	黑龙江省	哈尔滨职业技术学院	综合	艺术与设计学院	http://www.hzjxy.org.cn
131	黑龙江省	佳木斯职业学院	综合	艺术设计系	http://www.jmsjs.com
132	黑龙江省	牡丹江大学	综合	传媒与艺术学院	http://www.mdjdx.cn
133	黑龙江省	黑龙江艺术职业学院	艺术	艺术设计系	http://www.hljzy.org.cn
134	黑龙江省	大庆职业学院	综合	计算机应用工程系	http://www.dqzyxy.net
135	黑龙江省	黑龙江农业职业技术学院	农业	应用技术学院	http://www.hljnzy.net
136	黑龙江省	黑龙江农业经济职业学院	农业	人文艺术学院	http://www.hnyjj.org.cn
137	黑龙江省	哈尔滨传媒职业学院	综合	艺术学院	http://www.hrbmcc.com

序号	省级行政单位	高校名称	院校类型	学院（系别）名称	网址
138	上海市	上海电影艺术职业技术学院	艺术	应用艺术设计系	http://www.shfilmart.com
139	上海市	上海中侨职业技术学院	综合	应用艺术系	http://www.shzq.edu.cn
140	上海市	上海邦德职业技术学院	综合	华谊兄弟艺术学院	http://www.shbangde.com
141	上海市	上海科学技术职业学院	综合	人文与社会科学系	http://www.scst.edu.cn
142	上海市	上海立达学院	综合	艺术设计与传媒学院	http://www.lidapoly.edu.cn
143	上海市	上海思博职业技术学院	综合	艺术设计学院	http://edu.shsipo.com
144	上海市	上海民远职业技术学院	工科	艺术系	http://www.shmy.edu.cn
145	上海市	上海工商职业技术学院	综合	艺术设计系	http://www.sicp.sh.cn
146	上海市	上海东海职业技术学院	综合	艺术学院	http://www.esu.edu.cn
147	上海市	上海济光职业技术学院	综合	建筑系	https://www.shigu.edu.cn
148	上海市	上海城市管理职业技术学院	工科	园林与环境学院	http://www.shafc.edu.cn
149	上海市	上海农林职业技术学院	农业	园艺园林系	http://www.shafc.edu.cn
150	上海市	上海电子信息职业技术学院	工科	动画学院	http://www.stiei.edu.cn
151	上海市	上海工艺美术职业学院	艺术	环境艺术学院	https://www.sada.edu.cn
152	上海市	上海出版印刷高等专科学校	工科	艺术设计系	http://www.sppc.edu.cn
153	上海市	上海行健职业学院	财经	应用艺术系	http://www.shxj.edu.cn
154	上海市	上海工商事职业技术学院	工科	管理系	http://www.sma.edu.cn
155	上海市	上海震旦职业学院	财经	新闻传媒学院	http://www.aurora-college.cn
156	上海市	上海欧华职业技术学院	综合	艺术系	http://www.shohzyxy.com
157	上海市	上海工商外国语职业学院	语言	艺术设计学院	http://www.sicfl.edu.cn
158	上海市	上海中华职业技术学院	工科	设计艺术	http://www.zhonghuacollege.com
159	江苏省	江苏建筑职业技术学院	工科	建筑设计与装饰学院	http://www.jsjzi.edu.cn
160	江苏省	江苏农林职业技术学院	农业	人文艺术系	http://www.jsafc.edu.cn

序号	省级行政单位	高校名称	院校类型	学院（系别）名称	网址
161	江苏省	盐城工业职业技术学院	工科	艺术设计学院	http://www.yctei.cn
162	江苏省	无锡城市职业技术学院	财经	传媒与艺术设计学院	http://www.wxcu.edu.cn
163	江苏省	炎黄职业技术学院	工科	土木工程系	http://www.yhjyjt.cn
164	江苏省	无锡职业技术学院	工科	艺术设计系	http://www.wxit.edu.cn
165	江苏省	苏州工艺美术职业技术学院	艺术	环境艺术系	http://www.sgmart.com
166	江苏省	镇江市高等专科学校	工科	艺术设计学院	http://www.zjc.edu.cn
167	江苏省	沙洲职业工学院	工科	建筑工程系	http://www.szit.edu.cn
168	江苏省	连云港师范高等专科学校	师范	人文与美术学院	http://www.lygsf.cn
169	江苏省	常州信息职业技术学院	工科	艺术设计学院	http://www.ccit.js.cn
170	江苏省	江苏联合职业技术学院	工科	徐州财经分院	http://www.juti.cn
171	江苏省	南通科技职业学院	农业	信息工程系	http://www.ntst.edu.cn
172	江苏省	苏州托普信息职业技术学院	工科	装潢艺术设计	http://www.szetop.com
173	江苏省	南通航运职业技术学院	工科	人文艺术系	http://www.ntsc.edu.cn
174	江苏省	南京交通职业技术学院	工科	人文艺术系	http://www.njitt.edu.cn
175	江苏省	淮安信息职业技术学院	工科	传媒艺术系	http://www.hcit.edu.cn
176	江苏省	太湖创意职业技术学院	工科	艺术设计系	http://www.thcyzy.org
177	江苏省	常州机电职业技术学院	工科	艺术设计系	http://www.czmec.cn
178	江苏省	苏州健雄职业技术学院	工科	艺术设计系	http://www.wjxvtc.cn
179	江苏省	江苏城市职业学院	工科	传媒与艺术学院	http://www.jscvc.cn
180	江苏省	南京城市职业学院	综合	艺术设计系	http://ys.ncc.edu.cn
181	江苏省	江苏城乡建设职业学院	工科	建筑艺术系	http://www.js-cj.com
182	江苏省	南京工业职业技术学院	工科	艺术设计学院	http://www.niit.edu.cn
183	江苏省	江苏工程职业技术学院	工科	艺术设计学院	http://jcet.edu.cn

序号	省级行政单位	高校名称	院校类型	学院（系别）名称	网址
184	江苏省	无锡商业职业技术学院	财经	艺术设计学院	http://www.wxic.edu.cn
185	江苏省	泰州职业技术学院	工科	艺术学院	http://www.tzpc.edu.cn
186	江苏省	连云港职业技术学院	工科	艺术与旅游学院	http://www.lygtc.net.cn
187	江苏省	常州工业职业技术学院	工科	艺术系	http://www.czili.edu.cn
188	江苏省	江苏海事职业技术学院	工科	人文艺术学院	http://www.jmi.edu.cn
189	江苏省	苏州经贸职业技术学院	财经	纺织服装与艺术传媒学院	http://www.szjm.edu.cn
190	江苏省	扬州环境资源职业技术学院	农业	人文艺术系	http://www.yzerc.edu.cn
191	江苏省	江苏信息职业技术学院	工科	艺术设计系	http://www.jsit.edu.cn
192	江苏省	金肯职业技术学院	财经	信息工程与数字艺术系	http://www.jku.edu.cn
193	江苏省	无锡工艺职业技术学院	工科	环境艺术系	http://www.wxgyxy.cn
194	江苏省	江苏经贸职业技术学院	财经	艺术设计学院	https://www.jvic.edu.cn
195	江苏省	江南影视艺术职业学院	艺术	数字艺术学院	http://www.jnys.cn
196	江苏省	建东职业技术学院	工科	媒体与艺术设计系	http://www.czjdu.com
197	江苏省	应天职业技术学院	工科	艺术与设计系	http://www.ytc.edu.cn
198	江苏省	南京铁道职业技术学院	工科	软件与艺术设计学院	http://www.njrts.edu.cn
199	江苏省	宿迁职业技术学院	工科	人文艺术系	http://www.sqzyxy.com
200	江苏省	常州纺织服装职业技术学院	工科	创意与艺术设计学院	http://www.cztgi.edu.cn
201	江苏省	昆山登云科技职业学院	工科	建筑与艺术系	http://www.dyc.edu.cn
202	江苏省	苏州农业职业技术学院	农业	园林工程学院	http://www.szai.com
203	江苏省	硅湖职业技术学院	工科	艺术设计系	http://web.usl.edu.cn
204	江苏省	南京机电职业技术学院	工科	人文社科系	http://www.nimt.edu.cn
205	江苏省	南京视觉艺术职业技术学院	艺术	设计系	http://www.niva.cn
206	江苏省	正德职业技术学院	工科	艺术设计与建筑工程系	http://zd.nuaa.edu.cn

序号	省级行政单位	高校名称	院校类型	学院（系别）名称	网址
207	江苏省	钟山职业技术学院	工科	人文艺术学院	http://www.zscollege.com
208	江苏省	无锡南洋职业技术学院	工科	建筑工程与艺术设计学院	http://www.wsoc.edu.cn
209	江苏省	苏州工业园区职业技术学院	工科	数字艺术系	http://www.ivt.edu.cn
210	江苏省	扬州工业职业技术学院	工科	装饰与艺术设计学院	http://www.ypi.edu.cn
211	江苏省	苏州市职业大学	工科	艺术学院	http://www.jssvc.edu.cn
212	江苏省	明达职业技术学院	语言	艺术系	http://www.mdut.cn
213	江苏省	苏州高博软件技术职业学院	工科	建筑与艺术学院	http://www.gist.edu.cn
214	江苏省	扬州市职业大学	工科	艺术学院	http://www.yzpc.edu.cn
215	江苏省	南通职业大学	工科	艺术设计学院	http://www.ntvu.edu.cn
216	江苏省	九州职业技术学院	工科	土木工程系	http://www.jznu.com.cn
217	江苏省	苏州工业职业技术学院	工科	建筑工程与艺术设计学院	http://www.siit.edu.cn
218	江苏省	常州工程职业技术学院	工科	建筑装饰学院	http://www.czie.net
219	江苏省	江海职业技术学院	工科	应用艺术系	http://www.jhu.cn
220	江苏省	江阴职业技术学院	工科	艺术设计系	http://www.jypc.org
221	江苏省	南京旅游职业学院	财经	人文艺术系	http://www.jltu.net
222	江苏省	宿迁泽达职业技术学院	工科	艺术系	http://www.zdct.cn
223	江苏省	徐州生物工程职业技术学院	工科	农林工程系	http://www.xzsw.net
224	江苏省	江苏南贸职业技术学院	综合	艺术与电子信息学院	http://www.ntgx.edu.cn
225	江苏省	南通师范高等专科学校	师范	美术系	http://www.ntnc.edu.cn
226	浙江省	浙江建设职业技术学院	工科	建筑与艺术系	http://www.zjjy.net
227	浙江省	湖州职业技术学院	综合	艺术设计学院	http://www.hzvtc.net.cn
228	浙江省	丽水职业技术学院	综合	环境工程分院	http://www.lszjy.com
229	浙江省	金华职业技术学院	综合	艺术设计学院	http://www.jhc.cn

序号	省级行政单位	高校名称	院校类型	学院（系别）名称	网址
230	浙江省	浙江商业职业技术学院	财经	艺术设计学院	http://www.zjvcc.edu.cn
231	浙江省	浙江同济科技职业学院	工科	艺术系	http://www.zjtongji.edu.cn
232	浙江省	台州职业技术学院	工科	艺术学院	https://www.tzvtc.edu.cn
233	浙江省	温州职业技术学院	综合	建筑工程系	http://www.wzvtc.cn
234	浙江省	宁波城市职业技术学院	综合	艺术学院空间环境艺术设计系	http://www.nbcc.cn
235	浙江省	浙江工商职业技术学院	财经	建筑与艺术学院	http://www.zjbti.net.cn
236	浙江省	浙江工贸职业技术学院	综合	信息传媒学院	http://www.zjitc.net
237	浙江省	浙江艺术职业学院	艺术	美术系	http://www.zj-art.com
238	浙江省	浙江育英职业技术学院	财经	创意设计分院	http://www.zjyyc.com
239	浙江省	绍兴职业技术学院	工科	建筑与设计艺术学院	http://www.sxvtc.com
240	浙江省	衢州职业技术学院	工科	艺术设计学院	http://www.qzct.net
241	浙江省	浙江纺织服装职业技术学院	工科	艺术与设计学院	http://www.zjff.net
242	浙江省	杭州科技职业技术学院	工科	艺术传媒学院	http://www.hzpt.edu.cn
243	浙江省	浙江广厦建设职业技术学院	工科	艺术学院	http://www.guangshaxy.com
244	浙江省	浙江农业商贸职业学院	财经	艺术设计系	http://www.znszy.com
245	安徽省	亳州师范高等专科学校	综合	美术系	http://www.hbvtc.net
246	安徽省	淮北职业技术学院	工科	建筑工程系	http://www.whptu.ah.cn
247	安徽省	芜湖高等专科学校	工科	艺术传媒学院	http://www.uta.edu.cn
248	安徽省	安徽科技职业技术学院	工科	艺术系	http://www.bzvtc.com
249	安徽省	亳州职业技术学院	工科	建筑工程系	http://www.fyvtc.edu.cn
250	安徽省	阜阳职业技术学院	工科	人文社科系	http://www.ahlyxy.cn
251	安徽省	安徽林业职业技术学院	林业	信息与艺术系	

序号	省级行政单位	高校名称	院校类型	学院（系别）名称	网址
252	安徽省	六安职业技术学院	工科	人文艺术学院	http://www.lvtc.edu.cn
253	安徽省	合肥信息技术职业学院	综合	建筑系	http://www.hfitu.cn
254	安徽省	安徽现代信息工程职业学院	工科	艺术传媒系	http://www.ahmodern.cn
255	安徽省	安徽商贸职业技术学院	财经	艺术设计系	http://www.abc.edu.cn
256	安徽省	安徽水利水电职业技术学院	工科	建筑工程系	http://www.ahsdxy.ah.edu.cn
257	安徽省	铜陵职业技术学院	工科	艺术传媒系	http://www.tlpt.net.cn
258	安徽省	万博科技职业学院	工科	艺术分院	http://www.wbc.edu.cn
259	安徽省	宿州职业技术学院	工科	计算机信息系	http://www.szzy.ah.cn
260	安徽省	合肥经济技术职业学院	财经	艺术系	http://www.hfet.com
261	安徽省	池州职业技术学院	工科	建筑与艺术系	http://www.czgz.cn
262	安徽省	安徽广播影视职业技术学院	艺术	影视艺术系	http://www.amtc.cn
263	安徽省	合肥滨湖职业技术学院	工科	建筑工程与设计学院	http://www.hfbhxy.com
264	安徽省	安徽城市管理职业学院	财经	城市设计系	http://www.cmoc.cn
265	安徽省	安徽机电职业技术学院	工科	信息工程系	http://www.ahcme.cn
266	安徽省	安徽工商职业学院	财经	艺术设计系	http://www.ahbvc.cn
267	安徽省	阜阳幼儿师范高等专科学校	师范	信息技术与艺术传媒系	http://www.fypec.edu.cn
268	安徽省	安庆职业技术学院	工科	建筑工程系	https://www.aqvtc.edu.cn
269	安徽省	马鞍山师范高等专科学校	师范	艺术设计系	http://www.massz.cn
270	安徽省	安徽财贸职业学院	财经	艺术设计系	www.afc.edu.cn
271	安徽省	安徽国际商务职业学院	财经	信息服务系	http://www.ahiib.com
272	安徽省	安徽审计职业学院	财经	工程管理系	http://www.ahsjxy.cn
273	安徽省	安徽新闻出版职业技术学院	工科	艺术设计系	http://www.ahcbxy.cn
274	安徽省	合肥财经职业学院	财经	艺术系	http://www.hffe.cn

序号	省级行政单位	高校名称	院校类型	学院（系别）名称	网址
275	安徽省	安徽涉外经济职业学院	财经	艺术设计系	http://www.ahaec-edu.cn
276	安徽省	安徽绿海商务职业学院	综合	艺术系	http://www.lhub.cn
277	安徽省	合肥共达职业技术学院	工科	艺术系	http://gdxy.hfut.edu.cn
278	安徽省	蚌埠经济技术职业学院	财经	传媒艺术系	http://www.bjy.ah.cn
279	安徽省	桐城师范高等专科学校	师范	艺术系	http://www.tctc.edu.cn
280	安徽省	安徽扬子职业技术学院	工科	艺术设计系	http://www.yangzixueyuan.com
281	安徽省	安徽黄梅戏艺术职业学院	艺术	美术系	http://www.ahmxx.cn
282	安徽省	合肥科技职业学院	工科	建筑工程系	http://www.hfstu.cn
283	安徽省	安徽中澳科技职业学院	工科	信息艺术系	http://www.acac.cn
284	福建省	福建商贸学院	财经	商业美术系	http://www.fjcc.edu.cn
285	福建省	福州职业技术学院	综合	人文社科系	http://www.fvti.cn
286	福建省	福建信息职业技术学院	工科	传媒艺术系	http://www.mitu.cn
287	福建省	闽北职业技术学院	综合	艺术与传播系	http://www.mbu.cn
288	福建省	厦门演艺职业学院	艺术	科艺系	http://www.xmyanyi.com
289	福建省	厦门华天涉外职业技术学院	综合	传媒与信息学院	http://www.xmht.com
290	福建省	福建艺术职业学院	艺术	美术系	http://www.fjyszyxy.com
291	福建省	漳州城市职业学院	师范	文化艺术创意系	http://www.zcvc.cn
292	福建省	厦门东海职业技术学院	工科	传媒与艺术学院	http://www.xmdh.cn
293	福建省	漳州科技职业学院	工科	艺术设计学院	http://www.tftc.edu.cn
294	福建省	福州英华职业学院	语言	建筑工程系	http://www.fzacc.com
295	福建省	漳州职业技术学院	工科	建筑工程系	http://www.fjzzit.edu.cn
296	福建省	厦门兴才职业技术学院	综合	艺术与建筑学院	http://www.xmxc.com
297	福建省	厦门城市职业学院	综合	城市建设与管理系	http://www.xmcu.cn

序号	省级行政单位	高校名称	院校类型	学院（系别）名称	网址
298	福建省	泉州职业技术大学	综合	建筑设计系	http://www.qzit.edu.cn
299	福建省	泉州华光职业学院	综合	艺术设计学院	http://www.hgu.cn
300	福建省	厦门软件职业技术学院	工科	设计艺术系	http://www.xmist.edu.cn
301	福建省	福州黎明职业技术学院	工科	艺术设计系	http://www.fzlmxy.cn
302	福建省	闽西职业技术学院	工科	艺术设计系	http://www.mxdx.net
303	福建省	泉州工艺美术职业学院	艺术	设计艺术系	http://www.dhcc.cc
304	福建省	黎明职业大学	综合	土木建筑工程学院	http://www.lmu.cn
305	福建省	厦门南洋学院	综合	艺术学院	http://www.ny2000.com
306	福建省	武夷山职业学院	综合	美工系	http://www.wyszyxy.com
307	福建省	福建华南女子职业技术学院	综合	建筑工程系	http://www.hnwomen.com.cn
308	福建省	福州软件职业技术学院	工科	建筑工程系	http://www.fzrjxy.com
309	福建省	漳州理工职业技术学院	工科	建筑工程学院	http://www.zzlg.org
310	福建省	宁德职业技术学院	综合	文化传媒系	http://www.ndgzy.com
311	福建省	湄洲湾职业技术学院	综合	工艺美术学院	http://www.fjmzw.com
312	福建省	福建林业职业技术学院	林业	建筑工程系	http://www.fjlzy.com
313	福建省	泉州轻工职业学院	综合	建筑工程系	http://www.qzqgxy.com
314	福建省	福建水利电力职业技术学院	工科	信息工程系	http://www.fjsdxy.com
315	福建省	泉州纺织服装职业学院	综合	艺术设计系	http://www.qzfzfz.com
316	江西省	九江职业大学	综合	建筑工程学院	http://www.jjvu.jx.cn
317	江西省	江西艺术职业学院	艺术	美术学院系	http://www.jxysedu.com
318	江西省	鹰潭职业技术学院	综合	艺术系	
319	江西省	江西工业工程职业技术学院	工科	采矿与建筑工程系	http://www.jxgcxy.net
320	江西省	江西外语外贸职业学院	财经	艺术设计系	http://www.jxcfs.com

266

序号	省级行政单位	高校名称	院校类型	学院（系别）名称	网址
321	江西省	江西工业贸易职业技术学院	综合	建筑与艺术系	http://www.jxgmxy.com
322	江西省	江西生物科技职业学院	农业	计算机系	http://www.jxswkj.com
323	江西省	江西建设职业技术学院	工科	建筑系	http://www.jxjsxy.com
324	江西省	抚州职业技术学院	工科	艺术系	http://www.fzjsxy.cn
325	江西省	江西先锋软件职业技术学院	工科	艺术传媒分院	http://www.aheadedu.com
326	江西省	上饶职业技术学院	工科	艺术系	http://www.srzy.cn
327	江西省	江西传媒职业学院	工科	艺术系	http://www.jxmvc.cn
328	江西省	江西洪州职业学院	综合	建筑工程系	http://www.jxhzxy.cn
329	江西省	南昌影视传播职业学院	综合	艺术设计学院	http://www.ncyscb.com
330	江西省	九江职业技术学院	综合	建筑工程技术学院	http://www.jvtc.jx.cn
331	江西省	江西应用技术职业学院	工科	设计工程学院	http://www.jxyyxy.com
332	江西省	南昌职业学院	综合	艺术设计系	http://www.nczyxy.com
333	江西省	江西现代职业学院	工科	设计学院	http://www.jxxdxy.com
334	江西省	江西环境工程职业学院	林业	工业与设计学院	http://www.jxhjxy.com
335	江西省	江西新能源科技职业学院	工科	光伏建筑与设计系	http://www.tynxy.com
336	江西省	江西工业职业技术学院	综合	建筑传媒与艺术分院	http://www.jxgzy.cn
337	江西省	江西应用工程职业学院	工科	计算机信息工程系	http://www.jxatei.net
338	江西省	江西青年职业学院	综合	工程艺术系	http://www.jxqy.com.cn
339	江西省	江西工程职业学院	综合	文传艺术系	http://www.jxgcxy.com
340	江西省	江西旅游商贸职业学院	财经	艺术传媒与计算机分院	http://www.jxlsxy.com
341	江西省	江西科技职业学院	综合	艺术分院	http://www.jxkeda.com
342	江西省	赣西科技职业学院	综合	艺术系	http://www.ganxidx.com
343	江西省	江西陶瓷工艺美术职业技术学院	艺术	设计艺术学院	http://www.jxgymy.com

序号	省级行政单位	高校名称	院校类型	学院（系别）名称	网址
344	江西省	江西泰豪动漫职业学院	艺术	新媒体艺术学院	https://www.tellhowedu.com
345	江西省	江西枫林涉外经贸职业学院	财经	园林工程与艺术系	http://www.fenglin.org
346	江西省	景德镇陶瓷职业技术学院	工科	设计艺术系	http://www.jcivt.com
347	江西省	共青科技职业学院	工科	艺术学院	http://www.gqkj.com.cn
348	江西省	江西电力职业技术学院	工科	管理工程系	http://www.jxdlzy.com
349	江西省	宜春职业技术学院	综合	艺术系	http://www.ycvc.jx.cn
350	江西省	江西农业工程职业学院	农业	经济管理与资源系	http://www.jxaevc.com
351	山东省	日照职业技术学院	综合	创意设计学院	http://www.rzpt.cn
352	山东省	山东商业职业技术学院	财经	艺术与建筑学院	http://www.sict.edu.cn
353	山东省	莱芜职业技术学院	综合	师范教育与艺术系	http://www.lwvc.edu.cn
354	山东省	东营职业学院	综合	建筑与环境工程学院	http://www.dyxy.edu.cn
355	山东省	山东圣翰财贸职业学院	综合	艺术学院	http://www.suu.com.cn
356	山东省	山东水利职业学院	工科	信息工程系	http://www.sdwcvc.cn
357	山东省	青岛求实职业技术学院	综合	艺术学院	http://www.qdqs.com
358	山东省	山东城市建设职业学院	综合	建筑规划系	http://www.sdcjxy.com
359	山东省	山东凯文科技职业学院	工科	信息工程与艺术学院	http://www.sdkevin.cn
360	山东省	青岛酒店管理职业技术学院	财经	艺术学院	http://www.qchm.edu.cn
361	山东省	临沂职业学院	工科	建筑工程系	http://www.lyzyxy.com
362	山东省	山东理工职业学院	综合	建筑工程学院	http://www.sdlgzy.com
363	山东省	曲阜远东职业技术学院	综合	艺术学院	http://www.fareast-edu.net
364	山东省	威海职业学院	综合	艺术设计系	http://www.weihaicollege.com
365	山东省	山东劳动职业技术学院	工科	信息工程与艺术设计系	http://www.sdlvtc.cn
366	山东省	济宁职业技术学院	综合	建筑工程系	http://www.jnzyjsxy.cn

序号	省级行政单位	高校名称	院校类型	学院（系别）名称	网址
367	山东省	潍坊职业学院	综合	师范/文化创意学院	http://www.sdwfvc.cn
368	山东省	烟台职业学院	综合	艺术设计系	http://www.ytvc.com.cn
369	山东省	滨州职业学院	综合	建筑工程学院	http://www.bzpt.edu.cn
370	山东省	山东科技职业学院	工科	艺术传媒系	http://www.sdzy.com.cn
371	山东省	德州科技职业学院	综合	经管艺术系	http://www.sddzkj.com
372	山东省	山东力明科技职业学院	综合	艺术系	http://www.6789.com.cn
373	山东省	青岛飞洋职业技术学院	综合	土建专业	http://www.feiyangcollege.com
374	山东省	淄博职业学院	综合	艺术与人文系	http://www.zbvc.edu.cn
375	山东省	山东经贸职业学院	综合	艺术设计系	http://www.sdecu.com
376	山东省	山东工业职业学院	工科	建筑与信息工程系	http://www.sdivc.net.cn
377	山东省	济南职业学院	综合	艺术教研室	http://www.jnvc.cn
378	山东省	德州职业技术学院	工科	计算机信息技术工程系	http://www.dzvc.edu.cn
379	山东省	枣庄科技职业学院	工科	信息工程系	http://www.zzkjxy.cn
380	山东省	山东电子职业技术学院	工科	计算机科学与技术系	http://www.sdcet.cn
381	山东省	山东旅游职业学院	综合	计算机网络中心	http://www.sdts.net.cn
382	山东省	山东杏林科技职业学院	理工	建筑工程学院	http://www.mtotc.com.cn
383	山东省	泰山职业技术学院	综合	工艺美术系	http://www.silkedu.com
384	山东省	山东轻工职业学院	工科	艺术设计系	http://www.jnygz.com
385	山东省	济南幼儿师范高等专科学校	师范	艺术教育学院	http://www.wfec.cn
386	山东省	潍坊工程职业学院	工科	建筑工程系	http://www.wfec.cn
387	山东省	山东艺术设计职业学院	艺术	环境艺术系	http://www.sysy.com.cn
388	河南省	焦作大学	工科	艺术学院	http://www.jzu.edu.cn
389	河南省	三门峡职业技术学院	工科	建筑工程学院	http://www.smxpt.cn

序号	省级行政单位	高校名称	院校类型	学院（系别）名称	网址
390	河南省	河南职业技术学院	工科	环境艺术工程系	http://www.hnzj.edu.cn
391	河南省	河南工业贸易职业学院	财经	艺术设计系	http://www.hngm.edu.cn
392	河南省	河南工业职业技术学院	工科	城市建设学院	http://www.hnpi.cn
393	河南省	鹤壁汽车工程职业学院	工科	建筑与管理工程系	http://www.hbqcxy.com
394	河南省	河南工学院	工科	艺术设计系	www.hait.edu.cn
395	河南省	开封大学	工科	艺术设计学院	http://www.kfu.edu.cn
396	河南省	黄河水利职业技术学院	工科	艺术系	http://www.yrcti.edu.cn
397	河南省	漯河职业技术学院	工科	艺术设计系	http://www.lhvtc.edu.cn
398	河南省	郑州电力职业技术学院	工科	艺术传媒系	http://www.zzdl.com
399	河南省	河南经贸职业学院	财经	工艺美术系	http://www.hnjmxy.cn
400	河南省	郑州旅游职业学院	财经	经济贸易系	http://www.zztrc.edu.cn
401	河南省	郑州电子信息职业技术学院	工科	传媒艺术系	http://www.zyfb.com
402	河南省	商丘职业技术学院	财经	艺术系	http://www.sqzy.edu.cn
403	河南省	平顶山工业职业技术学院	工科	艺术学院	http://www.pzxy.edu.cn
404	河南省	郑州商贸旅游职业学院	财经	艺术传媒系	http://www.zzvcct.com
405	河南省	新乡职业技术学院	综合	艺术与教育系	https://www.xxvtc.edu.cn
406	河南省	郑州信息工程职业学院	工科	艺术系	http://www.zxxyedu.com
407	河南省	河南机电职业学院	工科	人文与设计系	http://www.hnjd.edu.cn
408	河南省	郑州铁路职业技术学院	工科	艺术系	http://www.zzrvtc.edu.cn
409	河南省	郑州工程技术学院	工科	艺术设计学院	https://www.zzut.edu.cn
410	河南省	河南财政金融学院	财经	文化传播系	http://www.hacz.edu.cn
411	河南省	濮阳职业技术学院	工科	艺术系	http://www.pyvtc.cn
412	河南省	周口职业技术学院	工科	体育艺术学院	http://www.zkvtc.edu.cn

序号	省级行政单位	高校名称	院校类型	学院（系别）名称	网址
413	河南省	济源职业技术学院	工科	艺术设计系	http://www.jyvtc.com
414	河南省	河南质量工程职业学院	工科	五年制大专部	http://www.zlxy.cn
415	河南省	郑州信息科技职业学院	工科	艺术学院	http://www.techcollege.cn
416	河南省	信阳职业技术学院	师范	艺术设计学院	http://www.xyvtc.edu.cn
417	河南省	嵩山少林武术职业学院	体育	传媒技术系	http://www.shaolinkungfu.edu.cn
418	河南省	永城职业学院	工科	文化艺术系	http://www.ycvc.edu.cn
419	河南省	郑州职业技术学院	工科	大众传媒系	http://www.zzyedu.cn
420	河南省	河南林业职业学院	林业	信息与艺术设计系	http://www.hnfjc.cn
421	河南省	河南科技职业大学	工科	艺术与设计系	http://www.zkkjxy.net
422	河南省	河南建筑职业技术学院	工科	建筑系	http://www.hnjs.edu.cn
423	河南省	漯河食品职业学院	综合	艺术设计系	http://www.lsgx.com.cn
424	河南省	郑州城市职业学院	工科	建筑工程系	http://www.zcu.edu.cn
425	河南省	安阳职业技术学院	综合	文化艺术系	http://www.ayzy.cn
426	河南省	驻马店职业技术学院	工科	艺术系	http://www.zmdvtc.cn
427	河南省	焦作工贸职业学院	工科	建筑艺术学院	http://www.jzgmxy.com
428	河南省	郑州理工职业学院	工科	艺术传媒系	http://www.zzlgxy.net
429	河南省	开封文化艺术职业学院	艺术	艺术设计系	http://www.kfvcca.com
430	河南省	河南艺术职业学院	艺术	艺术设计系	http://www.hnyszyxy.net
431	河南省	许昌电气职业学院	工科	艺术系	http://www.xcevc.com
432	河南省	南阳职业学院	工科	艺术设计系	http://www.nyzyxy.com
433	河南省	平顶山文化艺术职业学院	艺术	艺术设计系	http://www.pdsysxy.com
434	湖北省	武汉工贸职业学院	工科	管理与艺术系	http://www.whgmxy.com

序号	省级行政单位	高校名称	院校类型	学院（系别）名称	网址
435	湖北省	鄂州职业大学	工科	服装与艺术学院	http://www.ezu.cn
436	湖北省	湖北生态工程职业技术学院	林业	艺术设计学院	http://www.hb-green.com
437	湖北省	湖北生物科技职业学院	工科	园艺园林学院	http://www.hbswkj.com
438	湖北省	湖北科技职业学院	工科	传媒艺术学院	http://www.hubstc.com.cn
439	湖北省	黄冈职业技术学院	工科	建筑学院	http://www.hgpu.edu.cn
440	湖北省	武汉职业技术学院	工科	艺术设计学院	http://www.wtc.edu.cn
441	湖北省	湖北经济管理大学	工科	建筑工程学院	http://www.cjxy.edu.cn
442	湖北省	湖北工业职业技术学院	工科	艺术设计系	http://www.hbgyzy.edu.cn
443	湖北省	武汉外语外事职业学院	工科	艺术学部	http://www.whflfa.com
444	湖北省	湖北交通职业技术学院	工科	人文与艺术设计学院	http://www.hbctc.edu.cn
445	湖北省	湖北水利水电职业技术学院	工科	商贸管理系	http://www.hbsy.cn
446	湖北省	湖北城市建设职业技术学院	工科	环境艺术系	http://www.hbucvc.edu.cn
447	湖北省	湖北开放职业学院	工科	人文艺术学院	http://www.hbou.cn
448	湖北省	鄂东职业技术学院	工科	建筑工程系	http://www.hbsee.org
449	湖北省	武汉民政职业学院	政法	艺术学院	http://www.whmzxy.cn
450	湖北省	武汉工程职业技术学院	工科	土木工程学院	http://www.wgxy.net
451	湖北省	武汉软件工程职业学院	工科	艺术与传媒学院	http://www.whvcse.edu.cn
452	湖北省	郧阳师范高等专科学校	师范	艺术系	http://www.fypec.edu.cn
453	湖北省	荆州理工职业学院	工科	人文与社会科学系	http://www.jzlg.cn
454	湖北省	武汉城市职业学院	综合	文化创意与艺术设计学院	http://www.whcvc.edu.cn
455	湖北省	湖北职业技术学院	工科	艺术与传媒学院	http://www.hbvtc.edu.cn
456	湖北省	武汉船舶职业技术学院	工科	机械工程学院	http://www.wspc.edu.cn
457	湖北省	恩施职业技术学院	工科	建筑工程系	http://www.eszy.edu.cn

序号	省级行政单位	高校名称	院校类型	学院（系别）名称	网址
458	湖北省	襄阳职业技术学院	工科	建筑工程学院	http://www.hbxytc.com
459	湖北省	荆州职业技术学院	工科	纺织服装与艺术设计学院	http://www.jzit.net.cn
460	湖北省	仙桃职业学院	工科	艺术与传媒学院	http://www.hbxtzy.com
461	湖北省	湖北轻工职业技术学院	工科	装饰艺术学院	http://www.hbliti.com
462	湖北省	湖北三峡职业技术学院	工科	旅游与教育学院	http://www.tgc.edu.cn
463	湖北省	随州职业技术学院	工科	土木与建筑工程学院	http://www.szvtc.cn
464	湖北省	武汉科技职业学院	工科	建筑工程系	http://www.whkjz.com
465	湖北省	武汉信息传播职业技术学院	工科	艺术设计系	http://www.whinfo.cn
466	湖北省	武昌职业学院	工科	艺术传媒学院	http://www.wczy.cn
467	湖北省	武汉商贸职业学院	财经	美术学院	http://www.whicu.com
468	湖北省	湖北艺术职业学院	艺术	艺术设计系	http://www.artschool.com.cn
469	湖北省	咸宁职业技术学院	工科	人文艺术学院	http://www.xnec.cn
470	湖北省	江汉艺术职业学院	艺术	设计学院	http://www.hbjhart.com
471	湖北省	黄冈科技职业学院	工科	移动电商学院、传媒艺术学院	http://www.hbhgkj.com
472	湖北省	湖北青年职业学院	工科	艺术设计系	http://www.hbqnxy.com
473	湖南省	三峡旅游职业技术学院	综合	商务管理系	http://www.sxlyzy.com.cn
474	湖南省	永州职业技术学院	综合	建筑工程系	http://www.hnyzzy.com
475	湖南省	湖南环境生物职业技术学院	农业	艺术设计学院	http://www.hnebp.edu.cn
476	湖南省	湖南工业职业技术学院	工科	现代设计艺术系	http://www.hunangy.com
477	湖南省	湖南城建职业技术学院	工科	建筑系	http://www.hnucc.com
478	湖南省	湖南工艺美术职业学院	艺术	环境艺术设计系	http://www.hnmeida.com.cn
479	湖南省	湖南九嶷职业技术学院	综合	服装与艺术系	http://www.hnxxjsxy.com

序号	省级行政单位	高校名称	院校类型	学院（系别）名称	网址
480	湖南省	湖南科技职业学院	综合	艺术设计学院	http://www.hnkjxy.net.cn
481	湖南省	长沙环境保护职业技术学院	工科	环境艺术建筑系	http://www.hbcollege.com.cn
482	湖南省	长沙民政职业技术学院	工科	环境艺术设计系	http://www.csmzxy.com
483	湖南省	湖南铁道职业技术学院	工科	铁道通号学院	http://www.hnrpc.com
484	湖南省	湖南大众传媒职业技术学院	综合	视觉艺术学院	http://www.hnmmc.cn
485	湖南省	湖南信息职业技术学院	工科	计算机工程学院	http://www.hniu.cn
486	湖南省	怀化职业技术学院	综合	信息与艺术设计系	http://www.hhvtc.com.cn
487	湖南省	益阳职业技术学院	综合	生物与信息工程系	http://www.yyvtc.cn
488	湖南省	湖南艺术职业学院	艺术	美术系	http://www.arthn.com
489	湖南省	岳阳职业技术学院	综合	国际信息工程学院	http://www.yvtc.edu.cn
490	湖南省	湖南理工职业技术学院	工科	太阳能工程学院	http://www.xlgy.com
491	湖南省	湖南软件职业技术学院	工科	数字艺术系	http://www.hnsoftedu.com
492	湖南省	娄底职业技术学院	综合	建筑与艺术设计系	http://www.ldzy.com
493	湖南省	湖南工程职业技术学院	工科	土木工程系	http://www.hngcjx.com.cn
494	湖南省	湖南生物机电职业技术学院	综合	植物科技学院	http://www.hnbemc.com
495	湖南省	湖南冶金职业技术学院	工科	建筑工程系	http://www.hnswxy.com
496	湖南省	湖南商务职业技术学院	财经	电子信息系	http://www.hnwmxy.com
497	湖南省	湖南外贸职业学院	财经	艺术设计学院	http://www.hnevc.com
498	湖南省	湖南网络工程职业学院	综合	传媒艺术系	http://www.hncpu.com
499	湖南省	长沙商贸旅游职业技术学院	财经	人文艺术系	http://www.cszyedu.cn
500	湖南省	长沙职业技术学院	综合	建筑与艺术设计系	http://www.nfdx.net
501	湖南省	长沙南方职业学院	综合	建筑工程系	http://www.zzptc.com
502	湖南省	湖南汽车工程职业学院	综合	信息工程系	

序号	省级行政单位	高校名称	院校类型	学院（系别）名称	网址
503	湖南省	湖南都市职业学院	工科	建筑工程系	http://www.hnupc.com
504	湖南省	湖南工商职业学院	工科	建筑工程系	http://www.hngsxy.com
505	广东省	顺德职业技术学院	综合	设计学院	http://www.sdpt.com.cn
506	广东省	广东新安职业技术学院	综合	室内环境设计专业	http://www.gdxa.cn
507	广东省	广州城建职业学院	工科	艺术设计系	http://www.gzccc.edu.cn
508	广东省	广州现代信息工程职业技术学院	工科	建筑工程系	http://www.gzmodern.cn
509	广东省	广州松田职业学院	综合	艺术系	https://www.sontanedu.cn
510	广东省	广东机电职业技术学院	工科	信息工程学院	http://www.gdmec.cn
511	广东省	广东建设职业技术学院	工科	建筑与艺术系	http://www.gdcvi.net
512	广东省	广东职业技术学院	工科	艺术设计系	https://www.gdpt.edu.cn
513	广东省	珠海城市职业技术学院	综合	工业与艺术设计学院	http://www.zhcpt.edu.cn
514	广东省	广州科技职业技术学院	综合	艺术与传媒系	http://www.gzkjxy.net
515	广东省	珠海艺术职业学院	艺术	艺术设计系	http://www.zhac.net
516	广东省	广州华夏职业学院	综合	艺术传媒学院	http://www.gzhxtc.cn
517	广东省	深圳职业技术学院	综合	艺术设计学院	http://www.szpt.edu.cn
518	广东省	广东亚视演艺职业学院	艺术	艺术设计系	http://www.atvcn.com
519	广东省	广州涉外经济职业技术学院	综合	艺术学院	http://www.gziec.net
520	广东省	广东文艺职业学院	艺术	艺术设计系	http://www.gdla.edu.cn
521	广东省	广东科学技术职业学院	工科	艺术设计学院	http://www.gdit.edu.cn
522	广东省	广州工程技术职业学院	综合	艺术与设计学院	http://www.gzvtc.cn
523	广东省	广州南洋理工职业学院	综合	艺术设计系	http://www.nyjy.cn
524	广东省	惠州经济职业技术学院	财经	建筑工程系	http://www.hzcollege.com
525	广东省	广州华立科技职业学院	工科	传媒与艺术设计学部	http://www.hlxy.net

序号	省级行政单位	高校名称	院校类型	学院（系别）名称	网址
526	广东省	广东环境保护工程职业学院	工科	环境艺术与服务系	http://www.gdpepe.cn
527	广东省	广东轻工职业技术学院	工科	艺术设计学院	http://www.gdqy.edu.cn
528	广东省	广东南华工商职业学院	财经	建筑与艺术设计系	http://www.nhic.edu.cn
529	广东省	私立华联学院	综合	艺术设计系	http://www.hlu.edu.cn
530	广东省	广州番禺职业技术学院	综合	艺术设计学院	http://www.gzpyp.edu.cn
531	广东省	广东农工商职业技术学院	综合	艺术系	http://www.gdaib.edu.cn
532	广东省	广东岭南职业技术学院	综合	艺术与传媒学院	http://www.lingnancollege.com.cn
533	广东省	汕尾职业技术学院	综合	艺术设计系	http://www.swvtc.cn
534	广东省	罗定职业技术学院	综合	艺术体育系	http://www.ldpoly.com
535	广东省	阳江职业技术学院	综合	艺术设计系	http://www.cnyjpt.cn
536	广东省	河源职业技术学院	综合	艺术与设计学院	http://www.hycollege.net
537	广东省	汕头职业技术学院	综合	艺术体育系	http://www.stpt.edu.cn
538	广东省	揭阳职业技术学院	综合	艺术与体育系	http://www.jyc.edu.cn
539	广东省	深圳信息职业技术学院	综合	数字媒体学院	http://www.sziit.com.cn
540	广东省	清远职业技术学院	综合	信息技术与创意设计学院	http://www.qypt.com.cn
541	广东省	广东工贸职业技术学院	工科	计算机工程系	http://www.gdgm.cn
542	广东省	江门职业技术大学	综合	艺术设计系	http://www.jmpt.cn
543	广东省	广东工商职业学院	综合	艺术设计系	http://www.zqtbu.com
544	广东省	广州城市职业学院	综合	艺术设计系	http://www.gcp.edu.cn
545	广东省	广东工程职业技术学院	工科	建筑工程学院	http://www.gpc.net.cn
546	广东省	广东科贸职业学院	财经	环境艺术系	http://www.gdkm.edu.cn
547	广东省	广州科技贸易职业学院	财经	创意设计学院	http://www.gzkmu.edu.cn

序号	省级行政单位	高校名称	院校类型	学院（系别）名称	网址
548	广东省	中山职业技术学院	综合	艺术设计系	http://www.zspt.cn
549	广东省	广州珠江职业技术学院	工科	建筑与艺术设计系	http://www.gzzjedu.cn
550	广东省	广东文理职业学院	综合	艺术与传媒系	http://www.gdwlxy.cn
551	广东省	广东南方职业学院	综合	信息技术系	http://www.gdnfu.com
552	广东省	广州华商职业学院	综合	建筑工程系	http://www.gzhsvc.com
553	广东省	广州东华职业学院	综合	建筑艺术系	http://www.gzdhxy.com
554	广东省	广东创新科技职业学院	工科	艺术设计系	http://www.gdcxxy.net
555	广东省	广东信息工程职业学院	工科	工程技术系	http://www.xxgcxy.cn
556	广西省	广西职业技术学院	农业	艺术设计与建筑系	http://www.gxzjy.com
557	广西省	广西机电职业技术学院	工科	艺术设计系	http://www.gxcme.edu.cn
558	广西省	广西建设职业技术学院	工科	设计艺术系	http://www.gxjsxy.cn
559	广西省	广西工商职业技术学院	财经	财务金融系/工业与信息化系	http://www.gxgsxy.com
560	广西省	广西电力职业技术学院	工科	建筑工程系	http://www.gxdlxy.com
561	广西省	柳州城市职业学院	综合	建筑工程与艺术设计	http://www.lcvc.cn
562	广西省	广西工程职业学院	工科	建筑设计分院	http://www.gxgcedu.com
563	广西省	广西工业职业技术学院	工科	教育与艺术设计系	http://www.gxic.net
564	广西省	广西经贸职业技术学院	财经	信息工程系	http://www.gxjmxy.com
565	广西省	广西生态工程职业技术学院	林业	艺术设计系	http://www.gxstzy.cn
566	广西省	广西农业职业技术学院	农业	园艺工程系	http://www.gxnyxy.com.cn
567	广西省	广西理工职业技术学院	工科	计算机信息系	http://www.gxlgxy.com
568	广西省	广西演艺职业学院	艺术	艺术工程学院	http://www.gxart.cn
569	广西省	北海职业学院	综合	文化与传媒系	http://www.bhzyxy.net

序号	省级行政单位	高校名称	院校类型	学院（系别）名称	网址
570	广西省	广西英华国际职业学院	综合	人文艺术学院	http://www.tic-gx.com
571	广西省	广西幼儿师范高等专科学校	师范	艺术系	http://www.gxyesf.com
572	广西省	南宁职业技术学院	综合	艺术工程学院	http://www.ncvt.net
573	广西省	柳州职业技术学院	综合	艺术设计系	http://www.lzzy.net
574	广西省	广西现代职业技术学院	综合	建筑与信息工程系	http://www.gxxd.net.cn
575	广西省	桂林山水职业学院	综合	艺术系	http://www.guolianweb.com
576	广西省	广西城市职业分院	综合	人文科学院	http://www.gxccedu.com
577	广西省	梧州职业学院	工科	建筑工程系	http://www.wzzyedu.com
578	广西省	广西经济职业学院	财经	艺术设计系	http://www.gxevc.com
579	广西省	广西培贤国际职业学院	财经	艺术工程学院	http://www.peixianedu.cn
580	海南省	海南经贸职业技术学院	财经	人文艺术学院	http://ggb.hceb.edu.cn
581	海南省	海南职业技术学院	综合	艺术学院	http://ys.hcvt.cn
582	海南省	海南工商职业学院	财经	建筑工程系	http://www.hntbc.edu.cn
583	海南省	三亚城市职业学院	语言	城市管理系	http://www.sycsxy.cn
584	海南省	海南软件职业技术学院	工科	装潢艺术设计	http://des.hncst.edu.cn
585	海南省	琼台师范学院	师范	美术系	http://www.qtnu.edu.cn
586	海南省	海南科技职业大学	工科	建筑工程学院	http://www.hnkjedu.cn
587	重庆市	重庆工商职业学院	综合	建筑学院	http://www.cqtbi.edu.cn
588	重庆市	重庆工程职业技术学院	工科	艺术与设计学院	http://www.cqvie.edu.cn
589	重庆市	重庆房地产职业学院	综合	房地产环境艺术系	http://www.cqfdcxy.com
590	重庆市	重庆艺术工程职业学院	艺术	艺术设计学院	http://www.cqysxy.com
591	重庆市	重庆电讯职业学院	工科	建筑工程系	http://www.cqdxxy.com.cn
592	重庆市	重庆电信职业学院	工科	设计与建筑学院	http://www.cqtcedu.com

序号	省级行政单位	高校名称	院校类型	学院（系别）名称	网址
593	重庆市	重庆水利电力职业技术学院	工科	市政工程系	http://www.cqsdzy.com
594	重庆市	重庆城市职业学院	综合	建筑工程系	http://www.cqcvc.com.cn
595	重庆市	重庆应用技术职业学院	综合	教育艺术系	http://www.cqyyzy.com
596	重庆市	重庆城市管理职业学院	综合	文化产业管理学院	http://www.cswu.cn
597	重庆市	重庆电子工程职业学院	工科	传媒艺术学院	http://www.cqcet.edu.cn
598	重庆市	重庆航天职业技术学院	综合	艺术设计系	http://www.cqpc.cn
599	重庆市	重庆电力高等专科学校	工科	信息工程学院	http://www.cqepc.com.cn
600	重庆市	重庆工业职业技术学院	工科	艺术设计学院	http://www.cqipc.net
601	重庆市	重庆三峡职业学院	综合	信息科技系	http://www.cqsxedu.com
602	重庆市	重庆机电职业技术学院	工科	艺术设计系	http://www.cqevi.net.cn
603	重庆市	重庆传媒职业学院	工科	艺术设计系	http://www.cqcmxy.com
604	重庆市	重庆青年职业技术学院	综合	信息工程系	http://www.cqqzy.cn
605	重庆市	重庆财经职业学院	财经	应用设计系	http://www.cqcfe.com
606	重庆市	重庆科创职业学院	工科	艺术系	http://www.cqie.cn
607	重庆市	重庆建筑工程职业学院	工科	建筑与艺术系	http://www.cqjzc.edu.cn
608	重庆市	重庆能源职业学院	综合	建筑设计与工程管理系	http://www.cqny.net
609	重庆市	重庆交通职业学院	工科	建筑系	http://www.cqjy.edu.cn
610	重庆市	重庆化工职业学院	综合	建筑工程系	http://www.cqhgzy.com
611	重庆市	重庆公共运输职业学院	工科	人文艺术系	http://www.cqgyzy.com
612	重庆市	重庆幼儿师范高等专科学校	师范	美术教育系	http://www.cqpec.com
613	重庆市	重庆文化艺术职业学院	艺术	艺术设计系	http://www.cqca.edu.cn
614	四川省	四川工商职业技术学院	工科	设计艺术系	http://www.sctbc.net
615	四川省	绵阳职业技术学院	工科	艺术系	http://www.myvtc.edu.cn

序号	省级行政单位	高校名称	院校类型	学院（系别）名称	网址
616	四川省	四川航天职业技术学院	工科	数码艺术系	http://www.scavc.com
617	四川省	内江职业技术学院	综合	艺术系	http://www.njvtc.cn
618	四川省	四川天一学院	财经	艺术设计系	http://www.cdtyxx.com
619	四川省	四川文化产业职业学院	综合	数码学院	http://www.svcci.cn
620	四川省	四川水利职业技术学院	工科	建筑工程系	http://www.swcvc.net.cn
621	四川省	四川建筑职业技术学院	工科	建筑与艺术系	http://www.scatc.net
622	四川省	四川华新现代职业学院	综合	艺术系	http://www.schxmvc.com.cn
623	四川省	成都艺术职业大学	艺术	环境艺术设计学院	http://www.cdartpro.cn
624	四川省	四川国际标榜职业学院	艺术	艺术与设计学院人居与环境设计系	http://www.polus.edu.cn
625	四川省	四川现代职业学院	工科	建筑系	http://www.scmvc.cn
626	四川省	四川长江职业学院	工科	艺术设计系	http://www.sccvc.com
627	四川省	成都纺织高等专科学校	工科	艺术学院	http://www.cdtc.edu.cn
628	四川省	四川科技职业学院	工科	建筑设计与设计艺术学院	http://www.scstc.cn
629	四川省	达州职业技术学院	综合	艺术系	http://www.dzvtc.edu.cn
630	四川省	四川交通职业技术学院	工科	人文艺术系	http://www.svtcc.edu.cn
631	四川省	成都农业科技职业学院	农业	城乡建设分院	http://www.cdnkxy.com
632	四川省	泸州职业技术学院	综合	艺术系	http://www.lzy.edu.cn
633	四川省	四川托普信息技术职业学院	工科	数字艺术系	http://www.scetop.com
634	四川省	四川商务职业学院	财经	设计艺术系	http://www.scsw.edu.cn
635	四川省	四川城市职业学院	工科	艺术设计学院	http://www.scuvc.com
636	四川省	四川三河职业学院	综合	信息工程系	http://www.scshpc.com
637	四川省	四川化工职业技术学院	工科	机械工程系	http://sccc.edu.cn

序号	省级行政单位	高校名称	院校类型	学院（系别）名称	网址
638	四川省	四川机电职业技术学院	工科	信息工程系	http://www.scemi.com
639	四川省	四川工程职业技术学院	工科	艺术系	http://www.scetc.net
640	四川省	乐山职业技术学院	综合	艺术设计系	http://www.lszyjsxy.com
641	四川省	广安职业技术学院	师范	艺术设计系	http://www.gavtc.cn
642	四川省	四川文化传媒职业学院	艺术	艺术设计系	http://www.svccc.net
643	四川省	四川艺术职业学院	艺术	艺术设计系	http://www.scapi.cn
644	四川省	巴中职业技术学院	综合	建筑工程系	http://www.bzzyjsxy.cn
645	四川省	成都工业职业技术学院	工科	设计系	http://www.cdivtc.com
646	贵州省	贵州建设职业技术学院	工科	建筑艺术与造价分院	http://www.gzjszy.cn
647	贵州省	贵州工商职业学院	财经	设计与工程学院	http://www.gzgszy.com
648	贵州省	毕节职业技术学院	工科	工矿建筑系	http://www.gzbjzy.cn
649	贵州省	遵义职业技术学院	综合	计算机科学系	http://www.zyzy.edu.cn
650	贵州省	黔南民族职业技术学院	综合	管理系	http://www.qnzy.net
651	贵州省	贵州电子信息职业技术学院	工科	计算机科学系	http://www.gzeic.com
652	贵州省	贵州交通职业技术学院	工科	信息系	http://www.gzjtzy.net
653	贵州省	贵阳职业技术学院	工科	城乡规划建设分院	http://www.gyvtc.edu.cn
654	贵州省	贵州轻工职业技术学院	工科	艺术设计系	http://www.gzqy.cn
655	贵州省	贵州职业技术学院	综合	建筑工程学院	http://www.gzvti.com
656	贵州省	铜仁职业技术学院	综合	人文学院	http://www.trzy.edu.cn
657	贵州省	贵州城市职业学院	工科	艺术学院	http://www.gzcsxy.cn
658	贵州省	贵州工业职业技术学院	工科	城市建设学院	http://www.gzky.edu.cn
659	贵州省	黔东南民族职业技术学院	综合	大地建筑学院	http://www.qnzy.net
660	贵州省	黔西南民族职业技术学院	综合	建筑工程技术专业	http://www.qxnvc.edu.cn

序号	省级行政单位	高校名称	院校类型	学院（系别）名称	网址
661	云南省	云南林业职业技术学院	林业	林产工业系	http://www.ynftc.cn
662	云南省	云南交通职业技术学院	工科	艺术设计学院	http://www.ynjtc.com
663	云南省	玉溪农业职业技术学院	农业	建筑与环境艺术工程系	http://www.yxnzy.net
664	云南省	云南能源职业技术学院	工科	人文与社会科学院	http://www.ynny.cn
665	云南省	昆明艺术职业学院	艺术	设计学院	http://www.kmac.org.cn
666	云南省	云南科技信息职业学院	工科	应用技术学部	http://www.ynkexin.cn
667	云南省	云南工程职业学院	综合	经济信息学院	http://www.ynenc.cn
668	云南省	云南城市建设职业学院	综合	建筑工程系	http://www.yncjxy.com
669	云南省	云南外事外语职业学院	语言	工程技术学院	http://www.fafl.cn
670	云南省	昆明冶金高等专科学校	工科	艺术设计学院	http://www.kmyz.edu.cn
671	云南省	云南文化艺术职业学院	艺术	传媒艺术系	http://www.ynarts.cn
672	云南省	云南热带作物职业学院	农业	园林工程与园艺技术系	http://ry.ynau.edu.cn
673	云南省	云南经贸外事职业学院	财经	设计艺术学院	http://www.ynjw.net
674	云南省	云南商务职业学院	财经	艺术设计系	http://www.ynswxy.net
675	陕西省	陕西艺术职业学院	艺术	美术系	http://www.sxavc.com
676	陕西省	陕西青年职业学院	综合	文化传媒系	http://www.sxqzy.com
677	陕西省	杨凌职业技术学院	农业	生态环境工程系	http://www.ylvtc.com
678	陕西省	汉中职业技术学院	综合	土木建筑工程系	http://www.hzvtc.cn
679	陕西省	西安城市建设职业学院	工科	城市传媒艺术学院	http://www.xacsjsedu.com
680	陕西省	西安职业技术学院	综合	建筑工程系	http://www.xzyedu.com.cn
681	陕西省	陕西青年职业教育学院	财经	艺术与学前教育学院	http://www.spvec.com.cn
682	陕西省	西安高新科技职业学院	工科	软件工程系	http://www.xhtu.com.cn
683	陕西省	西安信息职业大学	工科	工程管理系	http://www.sxetcedu.com

序号	省级行政单位	高校名称	院校类型	学院（系别）名称	网址
684	甘肃省	武威职业学院	综合	人文艺术教育系	http://www.wwvoc.cn
685	甘肃省	甘肃建筑职业技术学院	工科	建筑系	http://www.gcvtc.edu.cn
686	甘肃省	兰州职业技术学院	综合	艺术设计系	http://www.lvu.edu.cn
687	甘肃省	甘肃林业职业技术学院	林业	园林工程学院	http://www.gsfc.edu.cn
688	甘肃省	兰州石化职业技术学院	工科	印刷出版工程系	http://www.lzpcc.com.cn
689	甘肃省	兰州外语职业学院	综合	信息与传媒技术系	http://www.lzwyedu.com
690	甘肃省	甘肃工业职业技术学院	工科	艺术学院	http://www.gipc.edu.cn
691	甘肃省	兰州资源环境职业技术学院	综合	民族工艺系	http://www.lzre.edu.cn
692	宁夏回族自治区	宁夏艺术职业学院	艺术	艺术设计系	http://www.nxyszyxy.com
693	宁夏回族自治区	宁夏民族职业技术学院	师范	艺术系	http://www.nxmzy.com.cn
694	宁夏回族自治区	宁夏职业技术学院	综合	实用工艺美术系	http://www.nxtc.edu.cn
695	宁夏回族自治区	宁夏建设职业技术学院	工科	环境工程系	http://www.nxjy.edu.cn
696	新疆维吾尔族自治区	新疆应用职业技术学院	工科	建筑工程系	http://www.xjyyedu.cn
697	新疆维吾尔族自治区	新疆天山职业技术学院	工科	人文艺术学院	http://www.xjtsxy.cn
698	新疆维吾尔族自治区	乌鲁木齐职业大学	综合	艺术学院	http://www.uvu.edu.cn
699	新疆维吾尔族自治区	新疆农业职业技术学院	农业	信息技术学院	http://www.xjnzy.edu.cn
700	新疆维吾尔族自治区	昌吉职业技术学院	工科	计算机多媒体技术专业	http://www.cjpt.cn
701	新疆维吾尔族自治区	巴音郭楞职业技术学院	理工	艺术系	

独立艺术学院本科院校课程名录

中央美术学院	天津美术学院	鲁迅美术学院	山东工艺美术学院
室内设计1-旧建筑改造	环境艺术设计导论	素描	人体工程学
室内设计风格与流派	建筑与装饰史	建筑制图	画法几何与制图
世界近现代建筑史	画法几何与建筑制图	平面构成	造型基础1
室内设计2-居住空间室内设计	专业表现图技法A	色彩构成	建筑设计基础1（模型实验室）
室内色彩设计	人体工程学	透视及专业表现技法	艺术实践
当代建筑思潮与流派	选修课	环境色彩写生及速写	阴影透视
建筑物理	建筑与装饰史B（中国建筑与装饰简史）	环境艺术史论	造型基础2（色彩）
室内手绘技法表达	计算机辅助设计	立体构成	造型基础3
室内设计3-办公空间室内设计	专业表现图技法B（综合表现）	建筑技术与建筑构造（含实习）	设计表达1
中国古代建筑史	建筑设计A(建筑设计初步)	室内设计原理	建筑设计基础2
专业写生调研	材料与构造	专业选修	艺术实践
专业选修	选修课	居室设计	建筑构造1
室内材料材质设计	建筑设计B（建筑构造设计）	建筑装饰与建筑施工细部	环境心理学
室内设计的流变、演进与前瞻	专业考察与实习	广场设计及园林绿化	建筑设计1（独立住宅）
室内设计4-现当代城市消费空间研究	建筑设计C(公共建筑设计)	专业选修	设计表达2（全程机房上课）
室内光环境设计	室内设计A（室内设计基础）	餐厅设计	建筑设计2（幼儿园）
建筑设备	选修课	办公空间设计（含实习）	艺术实践
室内设计5-城市消费空间设计	家具设计	大堂设计	中外建筑史
设计表达（电脑技法）	照明设计	专业选修	环境设计概论
室内设计6-餐饮空间室内设计	园林设计	小区规划设计	环境照明

中央美术学院	天津美术学院	鲁迅美术学院	山东工艺美术学院
室内施工图设计	室内设计B（住宅室内设计）	展示设计	环境生态学
设计机构实习	选修课	城市形象设计	传统建筑测绘
工作室课题设计、快题设计	室内设计E（商业空间设计）	专业选修	艺术实践
室内光环境设计	中国传统室内设计	建筑与景观设计（含实习）	家具设计与室内陈设
毕业设计与论文	公共室内设计	施工组织设计（含实习）	装饰材料与施工工艺
	选修课	毕业考察（实习）考察报告	品牌策划与商业空间
	毕业设计毕业论文	毕业设计与毕业论文	景观设计专题1（广场）
			假期课堂
			餐饮空间规划与设计
			公共文化空间规划与设计
			办公空间设计
			景观设计专题2（公园）
			假期课堂
			毕业考察
			毕业设计
			毕业论文
			毕业教育

颜色说明

大一年级
大二年级
大三年级
大四年级
大五年级

独立艺术学院本科院校课程名录

湖北美术学院	广州美术学院	广西艺术学院	西安美术学院
画法几何	设计概论	设计素描	室内设计原理
艺术实践（古建考察及写生）	观察与记录	水彩风景写生	空间构成
空间与建构	形式语言	基础图案	文化考察1：人居环境写生
设计表现（一）计算机辅助设计	材料与工艺	现代设计史	设计表达
设计原理（一）多层住宅设计	案例分析	建筑速写	设计初步
选修课	功能与体验	设计学概论	人体工程学与行为设计
设计原理（二）场地设计	制图与模型	平面构成	建筑设计原理
设计原理（三）小型公共建筑设计	空间形态	色彩构成	材料与工艺
设计表现（二）计算机辅助设计	家具设计	立体构成	室内设计1
景观专题（一）公共设施	功能与空间（居住空间设计）	实践教学1	空间构成（选修）
选修课	材料与营造（酒店空间）	建筑制图	场地规划与设计
设计原理（四）别墅设计	专业选修	手绘效果图	古建测绘
设计表现（三）计算机辅助设计	环境工学	室内设计原理与人体工程学	城市公共艺术
室内专题（一）家具与陈设	陈设与装饰（餐饮空间设计）	CAD 工程制图	室内设计1
专业实践（一）装饰材料考察	品牌与空间（商业空间设计）	电脑效果图制作	空间环境陈设设计
选修课	专业选修	中外建筑史	公共建筑设计原理
快题设计	效率与规范（办公空间设计）	家居空间设计	环境设计1

湖北美术学院	广州美术学院	广西艺术学院	西安美术学院
景观专题（二）方案设计	主题与风格(会所空间设计)	建筑模型制作	中国山水画
室内专题（二）方案设计	专业选修	空间概念设计	风景与园林规划设计
装饰材料材质设计	节点与细部(酒店设计)	灯具设计	环境家具设计
选修课	专业考察	实践教学 2	环境设计 1
专业课题（一）	改造与更新(创意园区设计)	装饰材料与构造	室内设计 2
专业课题（二）	专业选修	建筑设计	环境设计 2
毕业创作/设计	执业知识与专业实践	庭院空间设计	文脉与城市阅读
毕业展、论文答辩	工作室课程	主题空间设计	毕业创作与展览
	毕业教学	专业考察	
		酒店空间设计	
		室内陈设和配饰	
		家具设计	
		展示设计	
		实践教学 3	
		施工图编制与工程概预算	
		室内整体项目设计	
		毕业展示	
		毕业实习	

"综合艺术背景"本科院校课程名录

清华大学美术学院	北京工业大学	北京理工大学	中南林业科技大学	昌吉学院
环境艺术概论	造型基础A	素描 I	艺术设计专业导论	平面构成
设计认知基础	造型基础B	色彩 I	设计素描1(上)	图形创意
空间测绘	摄影基础	平面构成	设计色彩1(上)	色彩构成
中外建筑园林史论	设计软件1	色彩构成	平面构成1	透视
设计表达（1）	透视基础	素描 II	艺术概论（艺术设计）	劳动实践
专业设计（1）	制图基础	色彩 II	设计素描1(下)	手绘表现技法
专业设计（1）（功能与空间）	速写训练	立体构成	设计色彩1(下)	建筑识图与制图
人体工程学	设计软件3	艺术考察写生	设计速写（艺术设计）	立体构成
构造与营建	设计软件2	环境艺术设计概论（双语）	色彩构成1	Auto CAD
设计程序	设计基础	建筑写生	立体构成1	专业速写
专业设计（2）	形式语言	制图原理	建筑制图2	中国工艺美术史
设计表达（2）	公共文化课	建筑制图与识图	CAD（艺术设计）	劳动实践
专业考察	手绘表现技法	透视原理	CAD实验（艺术设计）	3D MAX软件
综合课题训练（1）	形态学	表现技法	设计概论	室内设计基础
行为与心理	人机工学	计算机辅助设计	版式设计	陈设设计
案例分析	传统文化与装饰艺术	人因工程学	现代设计史	字体与版式设计
专业设计（3）	室内设计概论	建筑基础知识	设计制图	现代设计史
专业设计（4）	室内设计课题1	中外建筑史	3D MAX	劳动实践
专业实践	建筑史	建筑设计原理	室内设计程序	材料与施工
综合设计（1）（室内方向）	认识实习	室内设计原理	摄影技术（艺术设计）	Photoshop软件
环境物理	公共文化课	生活空间设计	摄影技术实验（艺术设计）	专业摄影

清华大学美术学院	北京工业大学	北京理工大学	中南林业科技大学	昌吉学院
材料与设计	室内陈设	快题设计	人体工程学	装饰工程预算
光与色彩	摄影	工作空间设计	设计心理学	别墅设计
综合课题训练（2）	模型	景观设计原理	表现技法	中外建筑赏析
综合课题训练	现代建筑设计基础	庭院景观设计	建筑设计基础	劳动实践
调研与文献综述	室内设计课题2	展示空间设计	建筑美学	展示设计
专业设计（5）	照明设计	商业空间设计	房屋建筑学	景观设计初步
专业设计（6）	公共文化课	家具与陈设	装饰风格与图案	景观植物配置
施工图设计	采风	专业实习	模型渲染技术	壁画设计
毕业论文、毕业设计（创作）	建筑法规	环境照明设计	设计材料与成型工艺	劳动实践
跨年级选修	室内设计课题3	建筑基础设计	模型制作	字体与版式设计
建筑形态学	人与环境	大型室内公共空间设计	室内空间设计	景观设计
环境艺术鉴赏	室内设计课题4	住区景观设计	室内风格与流派	餐饮空间设计
绿色设计	设计课题5	植物景观设计基础	室内装修工程	艺术考察
园艺基础	创新实践	城市公共空间景观设计	室内装修工程实验	劳动实践
家具设计	室内设计课题6	模型制作	室内装饰材料	专业实习
手绘表现技法	室内设计课题7	实习考察	住宅室内设计	毕业设计
展示设计	材料与工艺	公共环境设施设计	装修工程概预算	
陈设设计	施工图设计	中国传统家居	商业展示设计	
景观设计	企业课程	工程造价与管理	酒店室内设计	
传统园林设计	工程项目实践	历史街区保护与规划		
参数化设计	空间展示方案	毕业设计		
家具设计	空间氛围			
论文写作	景观方案设计			
计算机辅助环艺设计	景观种植设计			
建筑装饰	工作实习			

清华大学美术学院	北京工业大学	北京理工大学	中南林业科技大学	昌吉学院
公共艺术设计	毕业设计及答辩			

颜色说明

大一年级
大二年级
大三年级
大四年级
跨年级选修

"综合艺术背景"本科院校课程名录

汕头大学	中华女子学院	山西大学	洛阳理工学院	贵州师范大学
素描1	学科入门指导	造型基础	素描	平面构成
色彩1	平面造型方法	形式基础	建筑制图	设计素描
设计伦理	立体造型方法	新生研讨课	色彩	设计色彩
现代艺术史	空间造型方法	军事理论	透视	色彩构成
专业导论	色彩理论与实践	英语预备级	设计素描	平面构成与实践
素描2	艺术的历史及理论（一）	艺术设计概论	平面构成	国学经典
色彩2	制图基础	思想道德修养与法律基础	室内外表现技法I	立体构成
视觉构成	摄影	设计基础	色彩构成	建筑识图与手工制图
空间构成	形式分析与思想研究	制图	计算机辅助设计实验（CAD）	艺术概论
现代设计史	材料实验与个案研究	人体工程学	水彩	计算机辅助设计实践
空间文化	艺术的历史及理论（二）	计算机应用基础	室内外表现技法2	设计概论
人体工程学（室内）	艺术的历史及理论（三）	英语一级	立体构成	技法理论（透视）
建筑室内制图	专业技法	艺术设计概论2	中外设计史	建筑识图与手工制图
私人空间设计1—住宅室内设计	综合材料设计基础	设计美学	建筑基础	计算机辅助设计（Auto CAD）
草图大师	陶艺基础	职业生涯规划	建筑模型的设计制作	建筑概论
空间速写	室内陈设设计初步	形势与政策	计算机辅助实验II	建筑结构与造型
透视图技法	计算机辅助设计	下乡写生	人体工程学	建筑结构调研
手绘图表达	陶瓷设计	数字化环境设计（CAD）	建筑物理与设备	中国建筑史
家具设计	社会实践	室内外设计效果图表现技法	办公空间设计	空间模型训练

汕头大学	中华女子学院	山西大学	洛阳理工学院	贵州师范大学
公共空间设计1—办公环境室内设计	专业实习	建筑模型制作与工艺	风景园林艺术设计	人体工程学与环境行为学
环境设计作品分析	陈设品市场	英语二级	酒店空间设计	设计计划学
小型建筑设计	纤维艺术	中外工艺美术史	工程及设计管理实习	室内设计初步（居住空间）
软装设计	家具设计	体育	油画	材料构造
空间摄影	居住空间设计	形势与政策	中国建筑史	外国建筑简史
公共空间设计2餐饮空间设计	纺织品设计	建筑及环境设计调研方法	版面设计	装饰材料
模型制作	居住陈设设计	建筑设计方法学	商业空间设计	施工管理与预算
私人空间设计2复式住宅室内设计	世界陈设鉴赏	建筑环境设计（3D）	装饰工程预算	家具与陈设设计
园林景观设计	商业与展示空间	世界建筑及环境设计发展史	城市景观设计	居住空间设计
公共空间设计3—酒店空间设计	品牌规划与视觉	中外工艺美术史2	会展设计	公共空间设计
创意空间	主题展示设计	英语三级	居住区景观设计	选修：版画制作；影视广告赏析；服装赏析；
展示设计	光环境设计基础	形势与政策	家具设计	景观小品设计
公共空间设计4娱乐场所设计	社会实践	体育	材料及工艺认识	景观植物设计
	专业实习	下乡写生	室内陈设设计	居住区景观规划设计
	创意设计研究方法	住宅室内设计方案	景观考察	公共区景观规划设计
	艺术品市场	室内空间设计	住宅空间设计	专选课：1、国画基础2、书法篆刻3、中国古典园林赏析4、中外经典建筑赏析
	公共艺术	景观园林设计	摄影	专业实习

汕头大学	中华女子学院	山西大学	洛阳理工学院	贵州师范大学
	毕业实习	毛泽东思想和中国社会主义理论体系概论	毕业考察	毕业论文（设计）
	毕业设计	就业指导		毕业创作
		陈设设计		创新创业教育实践（二）
		商业空间设计		
		酒店空间设计		
		经典著作研读		

颜色说明

	大一年级
	大二年级
	大三年级
	大四年级

"综合艺术背景"本科院校课程名录

湖北工业大学	福州大学	东北师范大学	北京农学院	首都师范大学
冬季短学期实践	建筑物与景观写生	专业基础训练1	素描Ⅱ	军事理论、军事训练
艺术概论	综合设施	专业基础训练2	色彩Ⅱ	造型设计基础
中国工艺美术史	计算机辅助设计（二）	专业基础训练3	钢笔画	空间设计基础
空间创意思维与模型	室内陈设艺术	建筑写生与表现	大学英语Ⅱ	空间设计基础
室内设计学	居室空间设计	建筑制图与设计表达	中外美术史	色彩设计基础
外国建筑史	商业空间设计	建筑设计基础	立体构成	基础制图
中国古代建筑鉴赏	景观艺术设计	人体工程学（实验）	形势与政策（一）	景观设计发展与潮流
装饰材料与构造设计及概预算	空间陈设艺术	空间形态构成	效果图手绘技法	室内设计概论
大学写作	园林设计	室内空间设计	3D MAX	建筑素描
园林设计	居室空间	景观设计基础	建筑设计初步	建筑设计初步
办公空间设计	商业空间	室内照明设计（实验）	人体工程学	景观设计
商业空间设计	毕业设计	居住空间设计	大学英语Ⅳ	展示设计
建筑初步与小型建筑设计	毕业答辩	装饰材料与施工工艺	CAD	室内设计
景观设计	毕业展览	工程运作管理（实验）	环境艺术设计概论	公共艺术设计
毕业设计、论文	毕业考试	商业空间设计	大学体育Ⅳ	材料与工艺
		办公空间设计	形势与政策（二）	城市公共空间景观设计
		专业考察与实践	室内环境设计Ⅱ	办公空间设计
		专题创作1	公共艺术品设计	酒店空间设计
		餐饮酒店空间设计	视觉传达	主题空间设计
		展示空间设计	公共艺术品设计	住宅建筑设计

湖北工业大学	福州大学	东北师范大学	北京农学院	首都师范大学
		家具、灯具与陈设设计（实验）	室内环境设计Ⅱ	环境虚拟设计
		专题创作2	公共艺术品设计	景观设计发展与潮流
		毕业论文	视觉传达	专业实习
		毕业创作（设计）	公共艺术品设计	毕业设计
		毕业设计展		毕业论文

"综合艺术背景"本科院校课程名录

深圳大学	哈尔滨师范大学	贵州民族大学	北京师范大学
设计素描	装饰基础	设计素描	艺术文化与专业认知
设计色彩	造型基础	设计色彩	造型基础
立体构成	色彩	构成基础	设计思维
设计思维与表现	立体构成	版式设计	平面构成
居住空间设计	建筑美学	计算机基础	中国设计史
室内设计原理	设计思维表达	工程识图与制图	信息图形设计
别墅设计	室内设计基础	手绘表达	设计概论
环境设施设计	大学语文	计算机辅助设计	制图学
人体工学与环境设计	设计透视	家具设计	设计表达
用户体验设计	建筑设计基础及制图	照明设计	立体构成
毛泽东思想和中国特色社会主义理论体系概况	计算机辅助设计	公共环境设施设计	字体设计
室内设计原理	专业写生	装饰材料与施工	中国设计史
别墅设计	中国近现代史纲要	室内设计1	环境行为学
居住空间设计	大学体育	陈设艺术/施工预算（选修课任选1）	标志设计
环境设施设计	大学外语	植物景观设计	品牌形象调研
人体工学与环境设计	公共设施与模型	室内设计2	创意与表现
公共艺术设计	景观设计基础	模型制作	材料与工艺
展示空间设计	园林设计	展示设计	景观小品设计
旅游空间设计	建筑装饰材料与施工工艺	古典园林与传统建筑	家具设计
建筑物理与设计	居住环境设计	建筑外观设计	书籍设计
艺术设计专业外语	纤维艺术设计	居住小区环境设计	居住空间设计
展示空间设计	专业考察	城市广场设计	公共空间设计
旅游空间设计	马克思主义基本原理概论	居住小区景观设计	专业考察
建筑物理与设计	形势与政策	小型建筑设计	广场景观设计
艺术设计专业英语	展示空间设计	艺术实践	商业展示空间设计
公共艺术设计	公共艺术设计原理	城市公共环境设计	美术教育学
	广场设计		

深圳大学	哈尔滨师范大学	贵州民族大学	北京师范大学
	公共艺术设计原理	毕业实习	专业实习
	毕业论文（设计）	毕业设计	橱窗设计
			新媒体艺术
			毕业论文
			毕业设计

"综合艺术背景"本科院校课程名录

武汉理工大学	大连理工大学	云南师范大学	西北农林科技大学
中国近代史纲要	素描1	设计概论	速写
体育1	素描2	设计基础（1）	素描Ⅰ
大学英语A1	色彩1	设计基础（2）	平面构成
计算机艺术设计基1	写生实习	设计基础（3）	外国美术史
素描	艺术设计基础1	中外艺术设计史	色彩Ⅰ
色彩	艺术概论	数字表现技能基础（1）	人居环境与环境设计
构成原理A上	陶艺基础	数字表现技能基础（2）	色彩构成
思想道德修养与法律基础	色彩2	制图基础	素描Ⅱ
心理健康教育	（环境）设计程序	AUTO CAD 与 SKETCH UP 制图软件	中国美术史
体育2	设计表现1	世界建筑设计史	画法几何与阴影透视
大学英语A2	艺术摄影基础	手绘效果图表现技法	水彩画
计算机艺术设计基础2	计算机辅助设计基础	设计材料与工艺	风景写生（春季）
构成原理A下	艺术设计基础2	人机工程学	立体构成
艺术概论A	设计文化导论	建筑及环境设计调研方法	美学概论
设计美学A	大学物理B	环境景观设计（1）	计算机辅助设计
专业绘画基础	艺术设计实习	室内空间设计（1）	图形图像处理
版式设计	设计图学	建筑设计方法学	基础图案
摄影基础A	社会实践	数字化室内设计	3D MAX
作品赏析	艺术设计史	景观植物学	中国书法
认识实习1	人体工程学B	数字化景观设计	风景写生（秋季）
毛泽东思想和中国特色社会主义理论体系概论	室内设计原理	环境设计概论	设计史
体育3	景观设计原理	摄影基础	广告创意
大学英语A3	艺术设计集中周1	设计美学	设计初步

武汉理工大学	大连理工大学	云南师范大学	西北农林科技大学
写生实习	住宅室内设计	艺术概论	设计表现技法
中外建筑史 A	小型建筑设计	雕塑基础	人体工程学
设计方法与程序	办公空间室内设计	设计公共关系学	景观生态学
专业表现技法 B	图案设计	民族民间设计采风	基础课综合实习
测绘与制图上	小型绿地景观设计	模型制作与工艺	园林艺术
认识实习 2	种植设计基础	室内空间设计（2）	观赏植物学
人机工程学 B	视觉艺术作品评析	室内空间设计（3）	城市规划概论
室内设计原理 B	视觉思维方法	环境景观设计（2）	植物配置与造景
建筑设计原理	植物与种植实习	环境景观设计（3）	建筑设计基础
景观设计原理 A	数字艺术创作实践	家具陈设与设计	建筑构造与造型
测绘与制图下	艺术摄影实习	灯光与照明设计	景观建筑设计
家具与陈设	模型制作基础	综合性空间室内设计	室内设计原理
认识实习 3	休闲空间室内设计	景观设施设计	测量学
个性课程	居住区景观设计	园林设计	综合实习 I
材料与构造	酒店室内设计	区域景观规划设计	公共建筑设计
居住空间室内设计	文化建筑景观设计	中外工艺美术史	展示设计
景观生态学	软装饰设计	情景动画	环境景观设计 I
园林植物学	中外园林史	设计心理学	景观工程学
城市景观设计	设计标准与预算	中国传统文化概论	环境雕塑
旅游景观设计	室内设计安全与法规	PS 后期及版式设计	景观理水艺术
模型制作	中国建筑史	虚拟现实	景观小品设计
认识实习 4	外国古代建筑史（双语）	设计方法论	课程设计 I
个性课程	外国近现代建筑史	展示设计	综合实习 II
专业考察	住区规划原理	公共艺术	CI 设计
中国画创作与赏析	场地设计原理	环境行为学概论	风景区规划设计
展示空间设计	可持续建筑概论	施工图设计	环境景观设计 II
公共建筑设计	建筑厅堂音质设计概论	中国民族民间艺术	住宅区环境设计
居住规划设计	建筑环境心理学	专业见习（1）	
园林景观设计	光色环境实验	专业见习（2）	
公共艺术设计	软装饰设计实验	毕业作品展	
个性课程	艺术设计集中周 2	毕业设计	

武汉理工大学	大连理工大学	云南师范大学	西北农林科技大学
壁画与雕塑	跨学科交叉课程	专业实习	
办公空间室内设计	个性发展课程	专业调查	
景观建筑设计	社会实践	社会实践	
环境规划与设计B	文化建筑室内设计		
传统民国研究	滨水景观设计		
专题设计	材料构造与工艺		
创意思维与表达	构造与工艺实验		
毕业实习	艺术设计实践前期		
个性课程	艺术设计实践		
毕业设计论文	毕业设计		
	大学生创新创业训练计划		
	个性发展课程		
	社会实践		

颜色说明

大一年级
大二年级
大三年级
大四年级
跨年级选修

"综合建筑背景"本科院校课程名录

北京建筑大学	天津大学	哈尔滨工业大学	广东石油化工学院	西安建筑科技大学
设计初步（一）	体育	环境设计专业导论	思想道德修养与法律基础	中国近代史纲要
设计初步（一）专用周	大学英语	造型艺术基础-1	廉洁修身	思想道德修养与法律基础
人机工程学	毛泽东思想和中国特色社会主义理论体系概论	设计史	大学英语（一）	形势与政策
室内设计史	思想道德修养与法律基础	造型艺术基础-2	大学计算机	大学英语
设计初步（二）专用周	军事理论	陶艺制作	大学体育	大学体育
创新认识实习	法制安全教育	西方美术导论	室内设计制图与透视（一）	大学计算机基础
外国建筑史(古代+近现代)	健康教育	环境产品设计	素描	建筑透视与阴影
设计初步（二）专用周	大学语文	环境设计概论	色彩	建筑概论
美术实习	计算机文化基础	快速设计-1	中国近现代史纲要	设计美术（素描）
美术（二）	现代哲学流派	设计作品解析	大学英语(三)	设计美术（色彩）
设计初步（二）	电影精品欣赏	摄影创作及实验	大学体育	大学语文
建筑制图	集中军事训练	陶艺创作及实验	计算机辅助设计（3D）	设计初步与表现
模型工艺	艺术设计训练	艺术专题-1	表现技法	设计基础
数字化设计（平面设计）	设计与规划中的信息技术	导引系统设计	中外建筑史	创造性思维
数字化设计专题（室内BIM）	画法几何及阴影透视	环境设计原理	建筑设计基础	毛泽东思想和中国特色社会主义理论体系概论
数字化设计（一）	建筑概论	快速设计-2	人体工程学	马克思主义原理

北京建筑大学	天津大学	哈尔滨工业大学	广东石油化工学院	西安建筑科技大学
公共建筑设计原理	建筑设计基础	人因工效学	建筑装饰材料与施工	形势与政策
建筑设计（一）	美术（素描、色彩）	室内环境设计-1	室内空间设计	大学英语
建筑设计(一)专用周	造型设计基础	室内设计原理	空间与色彩	大学体育
建筑构造（一）	公益劳动	庭院设计	建筑装饰材料见习	艺术概论
建筑构造实习（一）	艺术设计训练	网页设计	建筑与民居、民俗考察	中外美术史
工程材料实习	体育	艺术理论系列讲座	毛泽东思想和中国特色社会主义理论体系概论	建筑摄影
材料与工艺学	大学英语	艺术专题-2	餐饮空间室内设计	艺术设计史
中国建筑史	生命科学与生物技术导论	装饰雕塑设计及实验	园林景观设计	设计初步与表现3
中国古典园林保护与规划设计专题	环境保护与可持续发展	展示设计专题	大师作品解读	设计基础2
艺术史专题	建筑设计	中外美术史	设计心理学	环境艺术设计与理论
美术（三）	设计与规划中的信息技术（一）	陶艺制作	摄影基础	建筑设计原理
数字化设计（二）	中国古代建筑简史	西方美术导论	专业英语	建筑设计
摄影（建筑）	专业表现技法	环境产品设计	平面广告设计	室内设计原理
建筑设计（二）	园林树木学	家具与陈设装饰设计	设计精品案例分析（讲座）	建筑科学基础
建筑设计(二)专用周	园林花卉学	居住区环境设计	快题设计周（一）	环境生态学
空间环境产品设计实习(快题一)	室内设计原理	快速设计-3	餐饮空间室内设计（课程设计）	形势与政策4
室内设计史	集中军事训练	视觉传达设计	园林景观设计（课程设计）	音乐欣赏
中国画艺术鉴赏	艺术设计训练	摄影创作及实验	大学生就业指导	计算机辅助设计

北京建筑大学	天津大学	哈尔滨工业大学	广东石油化工学院	西安建筑科技大学
建筑结构（一）	设计与规划中的信息技术	艺术专题-3	展示空间设计	场地设计
建筑结构实习（一）	马克思主义政治经济学原理	公共艺术创作	娱乐空间室内设计	造园艺术与园林设计
工业化装修构造专题	邓小平理论与"三个代表"重要思想概论	快速设计-4	建筑装饰工程概预算	装饰材料与施工工艺
建筑构造专题（历史建筑）	外国建筑史	媒体艺术设计专题	设计院实习	景观植物学
中外城市建设史	建筑装饰构造	设计实践系列讲座	展示空间设计（课程设计）	环境艺术与建筑设计作品鉴赏
美术（四）	装饰绘画	室内环境设计-2	娱乐空间室内设计（课程设计）	城市规划原理
数字化设计（三）	雕塑	室内照明艺术		建筑设备
室内设计及原理（一）	公共艺术设计	丝网印刷艺术设计		环境设计1
环境设计概论	环境景观设计原理	艺术专题-4		环境设计2
室内设计及原理（一）专用周	园林工程	陶艺制作		景观设计
绿色设计概论	景观艺术设计	西方美术导论		城市环境设计原理
图示思考与表达（二）	建筑装饰构造	冰雪艺术创作		室内设计1（居室空间）
专业传达	家具灯具设计	环境综合设计		家具设计原理与设计
建筑结构实习（二）	室内陈设艺术设计	设计师业务实践		专业外语
建筑结构（二）	室内艺术设计	公共艺术创作		项目管理
专业色彩设计专题	美术实习	陶艺制作		艺术心理学
数字化设计实习（协同设计）	艺术设计训练	西方美术导论		综合环境艺术设计
数字化设计（虚拟现实）	公共艺术设计			室内设计2（商业空间）

北京建筑大学	天津大学	哈尔滨工业大学	广东石油化工学院	西安建筑科技大学
室内设计及原理（二）	景观艺术设计			
室内建筑师业务基础	室内艺术设计			
室内设计及原理（二）专用周	环境设计简史			
室内设计实习（快题设计）	建筑光环境			
室内设计实习（细部设计）	城市园林生态学			
室内设计实习（导识系统设计）	盆景与插花			
工艺美术史专题	艺术设计训练			
空间环境导识系统设计及原理	工地实习			
美术（五）	毕业实习			
专业设计方向选题	毕业设计（论文）			
专业设计方向选题专用周				
工业设计师业务实习				
工业设计师业务实习评审				
毕业设计（开题）				
毕业实习				
展示设计专题				
地铁建筑空间环境与设施设计专题				
美术史论专题				
毕业答辩				
毕业展览				

颜色说明

大一年级
大二年级
大三年级
大四年级

专科院校课程名录

重庆工商职业学院	重庆艺术工程职业学院	顺德职业技术学院
室内设计的识读与绘制	设计素描	室内设计基础
设计初步	形态构成	室内设计原理
室内设计原理	建筑工程识图与制图	计算机辅助设计
室内设计手绘表现技法	徒手表现与设计色彩	室内专题设计（二）
构成艺术	室内设计原理	设计基础
Auto CAD 计算机辅助设计	中外建筑简史	跨界创新
建筑写生	室内设计 CAD	室内专题设计（二）
建筑装饰材料	室内设计 Sketch up	室内策划实训
建筑装饰构造分析与施工工艺	版式设计及技术	展示设计
专业英语	艺术鉴赏	效果图表现技法
居住空间室内设计	室内设计建模与渲染	室内装饰制图
公共空间室内设计（一）	室内装饰材料及构造 2	摄影技术
公共空间室内设计（二）	室内设计 BIM	设计师职业素能提升
居住空间设计实战模拟	室内装饰材料及构造 1	建筑空间设计
计算机效果图表现（一学年）	餐饮空间室内设计	家具设计
公共空间设计实战模拟	住宅室内设计	跨界创新
室内设计模型制作	别墅室内设计	现代设计史
室内家具及陈设设计	商务酒店室内设计	陈设设计
电气照明设计	展示空间室内设计	科学与艺术类（限选）
公共空间设计实战模拟	办公空间室内设计	室内专题设计（三）
公共空间室内设计（三）	室内水电施工图常识	装饰材料与构造
公共空间设计实战模拟	工程字与书法练习	装饰工程实务
毕业设计	装饰施工图设计	室内专题设计（四）
毕业预就业顶岗实习	别墅庭院景观设计	景观规划设计
建筑装饰工程监理	样板房软装设计	顶岗实习与毕业设计（论文）
室内节能与室内环保	毕业设计	专业考察
装饰工程计量与计价	顶岗实习	

颜色说明

	大一年级
	大二年级
	大三年级

[01]雷圭元. 新图案学[M]. 上海：国立编译馆，1949.

[02]庞熏琹. 图案问题的研究[M]. 上海：大东书局，1953.

[03]舒新城. 中国近代教育史资料[M]. 北京：人民教育出版社，1981.

[04]李绵璐. 工艺美术与工艺美术教育[M]. 北京：人民美术出版社，1981.

[05]罗无逸. 室内环境的艺术质量[M]∥王荣寿，黄德龄. 室内设计论丛. 北京：中国建筑工业出版社，1985.

[06]张道一. 工艺美术论集[M]. 陕西：陕西人民美术出版社，1986.

[07]张绮曼，郑曙旸. 室内设计资料集[M]. 北京：中国建筑工业出版社，1991.

[08]中华人民共和国文化部教育科技司. 中国高等艺术院校简史集[M]. 杭州：浙江美术出版社，1991.

[09]张绮曼，郑曙旸，潘吾华. 室内设计经典集[M]. 北京：中国建筑工业出版社，1994.

[10]杨冬江. 中国近现代室内设计史[M]. 北京：中国水利水电出版社，2007.

[11]弗兰斯·F·范富格特，王承绪. 国际高等教育政策比较研究[M]. 杭州：浙江教育出版社，2001.

[12]邹德侬. 中国现代建筑史[M]. 北京：机械工业出版社，2003.

[13]郑曙旸. 室内设计思维与方法[M]. 北京：中国建筑工业出版社，2003.

[14]袁熙旸. 中国艺术设计发展历程研究[M]. 北京：北京理工大学出版社，2003.

[15]中国教育年鉴编辑部. 2004年中国教育年鉴[M]. 北京：人民教育出版社，2004.

[16]庞熏琹. 就是这样走过来的[M]. 北京：三联书店，2005.

[17]常沙娜. 过去的五十年[M]. 北京：北京艺术与科学电子出版社，2006.

[18]清华大学美术学院环境艺术设计系. 环艺教与学[M]. 北京：中国水利水电出版社，2006.

[19]清华大学美术学院环境艺术设计系艺术设计可持续发展研究课题组. 设计艺术的环境生态学：21世纪中国艺术设计可持续发展战略报告[M]. 北京：中国建筑工业出版社，2007.

[20]潘鲁生. 设计教育[M]. 济南：山东美术出版社，2007.

[21]杨冬江. 材料物语—环境艺术设计教学与社会实践[M]. 北京：中国建筑工业出版社，2008.

[22]清华大学美术学院中国艺术设计教育发展策略研究组. 中国艺术设计教育发展策略研究[M]. 北京：清华大学出版社，2010.

[23]张京生，郭秋惠. 光华路：中央工艺美术学院影存[M]. 山东：山东美术出版社，2011.

[24]潘昌侯. 潘昌侯先生访谈录[M]∥杭间，张京生，郭秋惠. 传统与学术：清华大学美术学院院史访谈录. 北京：清华大学出版社，2011.

[25]院史编写组. 清华大学美术学院（原中央工艺美术学院）简史[M]. 北京：清华大学出版社，2011.

[26]肖念，阎凤桥. 后大众化高等教育之挑战[M]. 北京：高等教育出版社，2012.

[27]郑曙旸，聂影，唐林涛，周艳阳. 设计学之中国路[M]. 北京：清华大学出版社，2013.

[28]清华大学美术学院环境艺术设计系作品编撰组. 清华大学美术学院环境艺术设计系作品集1[M]. 北京：中国建筑工业出版社，2013.

[29]詹和平，徐炯. 以实验的名义：参数化环境设计教学研究[M]. 南京：东南大学出版社，2014.

[30]奚小彭. 奚小彭文集[M]. 山东：山东美术出版社，2018.

[31]赖德霖. 中国近代建筑史研究[D]. 北京：清华大学，1992.

[32]杨冬江．中国近现代室内设计风格流变[D]．北京：中央美术学院，2006．

[33]夏燕靖.对我国高校艺术设计本科专业课程结构的探讨[D]．南京：南京艺术学院，2007．

[34]江滨．环境艺术设计教学新模型及教学控制体系研究[D]．杭州：中国美术学院，2009．

[35]董赤．新时期30年室内设计艺术历程研究[D]．长春：东北师范大学，2010．

[36]刘少帅．室内设计四年制本科专业基础教学研究[D]．北京：中央美术学院，2013．

[37]傅祎．脉络立场视野与实验——以建筑教育为基础的室内设计教学研究[D]．
北京：中央美术学院，2013．

[38]冯阳．学分制下艺术设计教学模式研究[D]．南京：南京艺术学院，2016．

[39]胡澜紫月．环境设计专业本科基础教学的探索与研究[D]．北京：中央美术学院，2016．

[40]庞熏琹．谈当前工艺美术事业中的几个问题[J]．美术，1957（04）．

[41]奚小彭．崇楼广厦蔚为大观[J]．美术，1959（12）．

[42]奚小彭．人民大会堂建筑装饰创作实践[J]．建筑学报，1959（21）．

[43]奚小彭．现实传统革新——从人大礼堂创作实践，看建筑装饰艺术的若干理论和
实际问题[J]．装饰，1959（05）．

[44]奚小彭．试论实用美术的艺术特点[J]．美术，1963（02）．

[45]张仃．党的总路线和教育方针的胜利——中央工艺美术学院师生参加首都十大建
筑工程的一些体会[N]．人民日报，1960-3-10（7）．

[46]人民日报评论员．大力发展工艺美术[N]．人民日报，1978-2-23（2）．

[47]人民日报评论员．我国工艺美术生产大幅度增长[N]．人民日报，1979-8-9（2）．

[48]中央工艺美术学院首都国际机场壁画组．壁画作者的话[N]．人民日报，（6）．

[49]郭伟成. 富有活力的室内装饰业[N]. 人民日报，1985-6-12（2）.

[50]洪铁城. 唯有环境　才有艺术[N]. 人民日报，1989-7-24（8）.

[51]顾孟潮. 中国当代环境艺术（设计）的崛起与发展[N]. 人民日报，1995-7-26
（11）.

[52]重庆建筑大学室内设计专业的教学及工程实践[J]. 室内设计，1996（02）.

[53]卢如来. 环境艺术系的美术基础教育改革[J]. 新美术，1999（02）.

[54]过伟敏. 走向系统设计——艺术设计教育中的跨学科合作[J]. 装饰，2005（07）.

[55]邵健. 环境艺术的通境之路——中国美术学院环境艺术设计专业教育访谈录[J].
世界建筑导报，2006（12）.

[56]广州美术学院设计学院. 2008全国设计教育论坛——"地域性"与"当代性"主
题研讨会综述[J]. 美术学报，2009（01）.

[57]谷彦彬. 国内外现代设计教育的启示[J]. 内蒙古师范大学学报，2001（3）.

[58]肇文兵，赵华. 为国家而设计——访"十大建筑"亲历者常沙娜先生[J]. 装饰，
2009（09）.

[59]杭间. 从工艺美术到艺术设计[J]. 装饰，2009（12）.

[60]张幼云，杨柳. 在历史机遇中创造辉煌——尹定邦谈广州美术学院的设计教育
[J]. 装饰，2012（01）.

[61]陈易，左琰. 同济大学室内设计教育的回顾与展望[J]. 时代建筑，2012（03）.

[62]沈康. 艺筑集成　思行并重——广州美术学院建筑与环境艺术设计学院的教学探
索[J]. 装饰，2012（11）.

[63]陈易，左琰. 同济大学室内设计教育的回顾与展望[J]. 时代建筑，2012(03).

[64]任艺林，郑曙旸. 中国室内设计赛事活动发展分析（1990-2011）[J]. 装饰，
2013（03）.

[65]林广思. 环境设计教育回顾与展望[J]. 高等建筑教育，2014（5）.

[66]江帆. 基于创新创业视角的室内设计教学改革探讨[J]. 美术教育研究，2018（10）.

[67]黄白. 对我国建筑装饰行业发展若干问题的认识和评估(上)[J]. 室内，1993（01）.